Handbuch des Aichungswesens

Herausgegeben

von der

Kaiserlichen Normal-Aichungs-Kommission.

Zweite Auflage.

Berlin.

Verlag von Julius Springer.

1889.

ISBN-13: 978-3-642-47095-0   e-ISBN-13: 978-3-642-47332-6
DOI: 10.1007/978-3-642-47332-6

Softcover reprint of the hardcover 1st edition 1889

Vorwort.

Das Bedürfniß nach einer zusammenfassenden Bearbeitung der zur Maaß- und Gewichtsordnung ergangenen Ausführungsbestimmungen hat sich als ein so dringendes erwiesen, daß das vorliegende Handbuch nach kaum drei Monaten seit seinem Erscheinen zu einer neuen Ausgabe gelangt. Auch in dieser Ausgabe beschränkt sich das Buch auf diejenigen Aichungszweige, welche von allgemeinerem Interesse für die Industrie sind und die überwiegende Zahl der Aichungsstellen ausschließlich beschäftigen. Für diese Aichungszweige enthält es die Aichordnung, die Instruktion zur Aichordnung, die Aichgebühren-Taxe und die zu den geltenden Aichungsvorschriften ergangenen Uebergangsbestimmungen der Sache nach fast vollständig, außerdem aber das Wichtigste aus der „Beschreibung u. s. w. zu den bildlichen Darstellungen aichfähiger Maaße u. s. w." und aus den bis jetzt erschienenen Nummern der „Mittheilungen der Kaiserlichen Normal-Aichungs-Kommission". In knapper Fassung gehalten, soll das Handbuch den Ueberblick über die sämmtlichen, zur Zeit geltenden Vorschriften erleichtern; die neue Ausgabe hat die Gelegenheit geboten, manche formelle und sachliche Verbesserungen in Einzelheiten eintreten zu lassen.

Nicht aufgenommen sind gewisse zahlenmäßige Anforderungen, welche die in amtlichem Auftrage herausgegebene, in gleichem Verlage erschienene Veröffentlichung „Fehlergrenzen der aichpflichtigen Gegenstände" den betheiligten Kreisen bereits in Tafelform zugänglich gemacht hat. Ausgeschlossen sind ferner die Bestimmungen über die Aichungsnormale, von deren Text die Aichungsbeamten stets

unmittelbar Einsicht nehmen sollen. Endlich sind einzelne Aichungs=
zweige — Goldmünzgewichte, selbstthätige Registrirwaagen, Thermo=
Alkoholometer und Gasmesser — überhaupt nicht berücksichtigt, weil
dieselben nur engere Kreise berühren.

Auch innerhalb der berücksichtigten Aichungszweige wird bei
allen, eine eingehendere Erwägung heischenden Fragen auf die maß=
gebenden Vorschriften selbst zurückzugreifen sein. Die letzteren außer
Gebrauch zu setzen, liegt nicht in der Absicht. Im Gegentheil will
das Handbuch deren Anwendung erleichtern; es hat deshalb überall
die Bezifferung der einzelnen Bestimmungen der Aichordnung wie
auch der Instruktion beibehalten. Hieraus erklärt es sich, wenn in
den aufgenommenen Bestimmungen die fortlaufende Bezifferung zu=
weilen durch fehlende Zahlen unterbrochen ist. Die Bezifferung
gestattet, sofort den maßgebenden Text der Aichordnung und der
Instruktion zu ermitteln. Soweit in diesem Text einzelne der auf=
genommenen Bestimmungen sich nicht finden, sind diese in der
„Beschreibung u. s. w. zu den bildlichen Darstellungen
aichfähiger Maaße u. s. w." oder in den „Mittheilungen
der Kaiserlichen Normal=Aichungs=Kommission" zu suchen.

Berlin, 10. Dezember 1888.

Inhalt.

Die Zahlen geben die Seiten an.

Gesetzliche Bestimmungen.

1. Maaß- und Gewichts-Ordnung 1
2. Bestimmung des Strafgesetzbuches 6

Allgemeine Aichungsvorschriften.

Aichordnung 7
    Stempelzeichen 7.

Instruktion 7
    Uebergangsbestimmung 7.

    Rückgabeschein 7. 8. Aichschein 8. Berichtigung 8. Befundschein 8. Nachaichung 9. Fehlergrenzen 9. Gegenstände besonderer Genauigkeit oder Beschaffenheit 9. Aichungen für einzelne Bezirke 10.

    Geschäftsübersichten 10. Ausrüstung der Aichungsstellen 10. Aichungsnormale 10. Arbeitsräume 11. Amtsstelle 11.

Aichgebühren-Taxe 12

I. Vorschriften für Längenmaaße.

Aichordnung 13
    Maaßgrößen 13. Beschaffenheit 13. Bezeichnung 14. Arten der Maaße 14. Stempelung 14.

VI Inhalt.

Instruktion 15
  Uebergangsbestimmungen 15.
  Beschaffenheit der Maaße 16. Durchbiegung 17. Feuchtigkeit und Temperatur bei der Prüfung 17. Gang der Prüfung 17. Gesammtlänge 18. Zusätzliche Prüfung 19. Normale für Maaße aus Holz u. s. w. 19. aus Metall 20. für Bandmaaße 20. Hülfsmittel 20. Normale für Präzisionsmaaße 21. Berichtigungen 21. Stempelung 21. Aetzstempel 22.

Aichgebühren-Taxe 23

II. Vorschriften für Flüssigkeitsmaaße, Meßwerkzeuge für Flüssigkeiten und Meßflaschen.

Aichordnung 26
  A. Flüssigkeitsmaaße 26.
    Maaßgrößen 26. Material 26. Gestalt 26. Bezeichnung 27. Beschaffenheit 27. Stempelung 29.
  B. Meßwerkzeuge für Flüssigkeiten 30.
    Arten 30. Beschaffenheit 30. Bezeichnung und Stempelung 31.
  C. Meßflaschen 32.
    Maaßgrößen 32. Beschaffenheit 32. Stempelung 32.

Instruktion 32
  A. Flüssigkeitsmaaße 32.
    Uebergangsbestimmungen 32.
    Beschaffenheit der Maaße 33. Blechstärke 33. Form 33. Begrenzungsebene 33. Füllungsverfahren 34. Prüfung mit Normalen 34. mit Aichkolben 35. Prüfung größerer Maaße 36. Prüfung durch Wasserwägung 36. Berichtigungen 36. Stempelung 37. Aetzung 37.
  B. Meßwerkzeuge für Flüssigkeiten 38.
    Uebergangsbestimmungen 38.
    Gestalt der Gefäße 38. Einrichtung 38. Prüfung der Marken 39. Fortlaufende Theilungen 40. Berichtigung und Stempelung 42.
  C. Meßflaschen 42.
    Prüfung 42. Stempelung 43.

Aichgebühren-Taxe 43

III. Vorschriften für Fässer.

Aichordnung 44
Instruktion 45
  A. Bestimmung des Raumgehalts 45.
    Beschaffenheit 45. Nässung 45. Meßgefäße 45. Kubizir-
    Apparate 45. Prüfung mit Kubizir-Apparat 47. durch
    Wägung 47. Faßähnliche Gefäße 48. Stempelung 48.
  B. Tarabestimmung 49.
    Beschaffenheit 49. Prüfungsverfahren 49. Stempelung 49.
    Wägungseinrichtungen 49.
Aichgebühren-Taxe 50

IV. Vorschriften für Hohlmaaße und Meßwerkzeuge für trockene Gegenstände.

Aichordnung 52
  A. Hohlmaaße 52.
    Maaßgrößen 52. Material 52. Gestalt 52. Bezeichnung 53.
    Beschaffenheit 53. Stempelung 55.
  B. Maaße und Meßwerkzeuge für Brennmaterialien u. s. w. 55.
    Arten der Maaße 55. Einrichtung 56. Kastenmaaße 56.
    Kummtmaaße 56. Lösch- und Ladegefäße 57. Fördergefäße 57.
    Rahmenmaaße 57. Bezeichnung 57. Stempelung 57.
  C. Meßrahmen 58.
    Einrichtung 58. Stempelung 58.
Instruktion 59
  A. Hohlmaaße 59.
    Uebergangsbestimmungen 59.
    Beschaffenheit der Maaße 59. Trockenheit 59. Prüfung 59.
    mit Wasserfüllung 59. mit Körnerfüllung 60. Prüfung des
    Maaßes von 100 l 61. Berichtigungen 61. Stempelung 61.
  B. Maaße und Meßwerkzeuge für Brennmaterialien u. s. w. 61.
    Uebergangsbestimmung 61.
    Kleinere Kastenmaaße 61. Größere 62. Kummtmaaße 62.
    Prüfung des Raumgehalts 62. Lösch- und Ladegefäße 62.
    Fördergefäße 63. Rahmenmaaße 63. Bezeichnung 64.
  C. Meßrahmen 64.
    Prüfung und Stempelung 64.
Aichgebühren-Taxe 65

V. Vorschriften für Gewichte.

Aichordnung 66
    Handelsgewichte 66.
        Gewichtsgrößen 66. Material 66. Gestalt 66. Bezeichnung 67. Beschaffenheit 68. Stempelung 68.
    Präzisionsgewichte 69.
        Gewichtsgrößen 69. Material 69. Beschaffenheit 69. Bezeichnung 69. Stempelung 70.
    Postgewichte 70.
        Gewichtsgrößen 70. Beschaffenheit 70.

Instruktion 70
    Uebergangsbestimmungen 70.
    Handelsgewichte 71.
        Material 71. Gestalt 72. Justireinrichtung 73. Richtigkeit 73. Berichtigung von Stücken aus Eisen 74. aus Messing 74. Stempelung 74. Prüfung geaichter Stücke 74.
    Präzisionsgewichte 75.
    Prüfung 75.
    Postgewichte 76.
    Prüfung 76.

Aichgebühren-Taxe 77

VI. Vorschriften für Waagen.

Aichordnung 79
    A. Handelswaagen 79.
        Zulässige Waagen 79. Konstruktionssysteme 80. Gleicharmige Waagen 81. Ungleicharmige Waagen 82. Laufgewichtswaagen 82. Empfindlichkeit und Richtigkeit 84.
    B. Präzisionswaagen 86.
        Einrichtung 86. Empfindlichkeit und Richtigkeit 86.
    C. Geringere Waagen 86.
        Waagen für Reise- und Postgepäck 86. Hökerwaagen 87. Stempelung 88. Art der Stempelung 88. Geltungsdauer des Stempels 89.

Instruktion 89
    Uebergangsbestimmungen 89.
    A. Handelswaagen 90.

Allgemeine Beschaffenheit 90. Schneiden und Pfannen 91. Spielende Pfannen 92. Hebel 92. Drehungseinrichtungen 92. Lage der Schneiden 93. Angabe der größten Last 94. Zeigereinrichtung 94. Korrektur- und Tarir-Einrichtungen 94. Berichtigung 94. Nachaichung 94. Aichung am Aufstellungsort 95.

Gleicharmige Balkenwaagen 96. Allgemeine Prüfung 96. Prüfung der Empfindlichkeit und Richtigkeit 97. Prüfung ohne Anhängegewichte 98. ohne Normalgewichte 99. Einspielungslage 100. Stempelung 100.

Gleicharmige oberschalige Waagen 101. Allgemeine Prüfung 101. Gegenschneiden 101. Gestell und Kasten 102. Gestalt der Schalen 102. Prüfung der Empfindlichkeit und Richtigkeit 104. Prüfung der Gestelle 105. Stempelung 105.

Ungleicharmige Waagen 105. Allgemeine Prüfung 105. Prüfung der Empfindlichkeit und Richtigkeit 107. Zusätzliche Prüfung 108. Prüfung der Richtigkeit und Empfindlichkeit bei sehr großen Belastungen 109 mit Hülfswaagen 109. mit Gewichtsgeräthschaften 110. mit Hebelapparaten 111. Gewichtsmaterial 111. Reihenfolge der Prüfungen 112. Waagen mit Hülfslaufgewicht 112. Stempelung 113.

Laufgewichtswaagen 113. Skalenprüfung 113. Ablesungsmarke 113. Einfache Balkenwaagen mit Laufgewicht 114. Prüfungsverfahren 114. Zusammengesetzte Balken- und Brückenwaagen mit Laufgewicht 115. Prüfungsverfahren 116. Prüfung von Nebenskalen 118. von Hülfsgewichtsschalen 119. Berichtigung 119.

B. Präzisionswaagen 120.

Prüfung 120. Zusätzliche Prüfung 120. Korrektureinrichtungen 120. Stempelung 121.

C. Geringere Waagen 121.

Waagen für Reise- und Postgepäck 121. Hökerwaagen 122.

Aichgebühren-Taxe 123

Gesetzliche Bestimmungen.

1.
Maaß- und Gewichts-Ordnung vom 17. August 1868
in der Fassung des Gesetzes vom 11. Juli 1884.

Artikel 1.

Die Grundlage des Maaßes und Gewichtes ist das Meter.

Das Meter ist die Einheit des Längenmaaßes. Aus demselben werden die Einheiten des Flächenmaaßes und des Körpermaaßes — Quadratmeter und Kubikmeter — gebildet.

Das Gewicht des in einem Würfel von einem Zehntel des Meter Seitenlänge enthaltenen destillirten Wassers im luftleeren Raume und bei der Temperatur von $+4$ Grad des hunderttheiligen Thermometers bildet die Einheit des Gewichtes und heißt das Kilogramm.

Artikel 2.

Als Urmaaß gilt derjenige Platinstab, welcher im Besitze der Königlich Preußischen Regierung sich befindet, im Jahre 1863 durch eine von dieser und der Kaiserlich Französischen Regierung bestellte Kommission mit dem in dem Kaiserlichen Archive zu Paris aufbewahrten Mètre des Archives verglichen und bei der Temperatur des schmelzenden Eises gleich 1,00000301 Meter befunden worden ist.

Artikel 3.

Es gelten außer den im Artikel 1 aufgeführten Namen der Maaßeinheiten zur Bezeichnung von Theilen und Vielfachen derselben folgende Namen:

A. Längenmaaße.

Der tausendste Theil des Meter heißt das Millimeter.
Der hundertste Theil des Meter heißt das Centimeter.
Tausend Meter heißen das Kilometer.

B. Flächenmaaße.

Hundert Quadratmeter heißen das Ar.
Zehntausend Quadratmeter oder hundert Ar heißen das Hektar.

C. Körpermaaße.

Der tausendste Theil des Kubikmeter heißt das Liter.
Der zehnte Theil des Kubikmeter oder hundert Liter heißen das Hektoliter.

Zulässig ist auch die Bezeichnung von Flächen oder Räumen durch die Quadrate oder Würfel des Centimeter und des Millimeter.

Artikel 4.
(Aufgehoben durch Gesetz vom 7. Dezember 1873.)

Artikel 5.

Als Urgewicht gilt das im Besitze der Königlich Preußischen Regierung befindliche Platinkilogramm, welches mit Nr. 1 bezeichnet, im Jahre 1860 durch eine von der Königlich Preußischen und der Kaiserlich Französischen Regierung niedergesetzte Kommission mit dem in dem Kaiserlichen Archive zu Paris aufbewahrten Kilogramme prototype verglichen und gleich 0,999999842 Kilogramm befunden worden ist.

Artikel 6.

Es gelten für Theile und Vielfache der im Artikel 1 genannten Gewichtseinheit folgende Namen:

Der tausendste Theil des Kilogramm heißt das Gramm.
Der tausendste Theil des Gramm heißt das Milligramm.
Tausend Kilogramm heißen die Tonne.

Artikel 7.

Ein von diesem Gewichte (Artikel 6) abweichendes Medizinalgewicht findet nicht statt.

Artikel 8.
(Erledigt durch Gesetz vom 4 Dezember 1871.)

Artikel 9.
Nach beglaubigten Kopien des Urmaaßes (Artikel 2) und des Urgewichts (Artikel 5) werden die Normalmaaße und Normalgewichte hergestellt und richtig erhalten.

Artikel 10.
Zum Zumessen und Zuwägen im öffentlichen Verkehr dürfen nur in Gemäßheit dieser Maaß- und Gewichts-Ordnung gehörig gestempelte Maaße, Gewichte und Waagen angewendet werden.

Der Gebrauch unrichtiger Maaße, Gewichte und Waagen ist untersagt, auch wenn dieselben im Uebrigen den Bestimmungen dieser Maaß- und Gewichts-Ordnung entsprechen. Die näheren Bestimmungen über die äußersten Grenzen der im öffentlichen Verkehr noch zu duldenden Abweichungen von der absoluten Richtigkeit erfolgen nach Vernehmung der im Artikel 18 bezeichneten technischen Behörde durch den Bundesrath.

Artikel 11.
Bei dem Verkaufe weingeistiger Flüssigkeiten nach Stärkegraden dürfen zur Ermittelung des Alkoholgehaltes nur gehörig gestempelte Alkoholometer und Thermometer angewendet werden.

Artikel 12.
Der in Fässern zum Verkauf kommende Wein darf dem Käufer nur in solchen Fässern, auf welchen die den Raumgehalt bildende Zahl der Liter durch Stempelung beglaubigt ist, überliefert werden.

Eine Ausnahme hiervon findet nur bezüglich desjenigen ausländischen Weines statt, welcher in den Originalgebinden weiter verkauft wird.

Artikel 13.
Gasmesser, nach welchen die Vergütung für den Verbrauch von Leuchtgas bestimmt wird, sollen gehörig gestempelt sein.

Artikel 14.

Zur Aichung und Stempelung sind zuzulassen:

diejenigen Längenmaaße, welche dem Meter oder seinen ganzen Vielfachen, oder seiner Hälfte, seinem fünften oder seinem zehnten Theile entsprechen;

diejenigen Körpermaaße, welche dem Kubikmeter, dem Hektoliter, dem halben Hektoliter oder den ganzen Vielfachen dieser Maaßgrößen, oder dem Liter, seinem Zwei=, Fünf=, Zehn= oder Zwanzigfachen, oder seiner Hälfte, seinem fünften, zehnten, zwanzigsten, fünfzigsten oder hundertsten Theile entsprechen;

diejenigen Gewichte, welche dem Kilogramm, dem Gramm oder dem Milligramm oder dem Zwei=, Fünf=, Zehn=, Zwanzig= oder Fünfzigfachen dieser Größen, oder der Hälfte, dem fünften oder dem zehnten Theile des Kilogramm oder des Gramm entsprechen.

Zulässig ist ferner die Aichung und Stempelung des Viertel= Hektoliter, sowie des Viertel=Liter.

Artikel 15.

Das Geschäft der Aichung und Stempelung wird ausschließlich durch Aichungsämter ausgeübt, deren Personal von der Obrigkeit bestellt wird. Diese Aemter werden mit den erforderlichen, nach den Normalmaaßen und Gewichten (Artikel 9) hergestellten Aichungs= normalen, bezw. mit den erforderlichen Normalapparaten versehen. Die für die Aichung und Stempelung zu erhebenden Gebühren werden durch eine allgemeine Taxe geregelt (Artikel 18).

Artikel 16.

Die Errichtung der Aichungsämter (Artikel 15) steht den Bundesregierungen zu und erfolgt nach den Landesgesetzen. Die= selben können auf einen einzelnen Zweig des Aichungsgeschäfts be= schränkt sein, oder mehrere Zweige desselben umfassen.

Artikel 17.

Die Bundesregierungen haben, jede für sich oder mehrere ge= meinschaftlich, zum Zweck der Aufsicht über die Geschäftsführung und die ordnungsmäßige Unterhaltung der Aichungsämter die erforderlichen Anordnungen zu treffen. In gleicher Weise liegt ihnen die Fürsorge für eine periodisch wiederkehrende Vergleichung der im Gebrauche der Aichungsämter befindlichen Aichungsnormale (Artikel 15) mit den Normalmaaßen und Gewichten ob.

Artikel 18.

Es wird eine Normal-Aichungs-Kommission vom Bunde bestellt und unterhalten. Dieselbe hat ihren Sitz in Berlin.

Die Normal-Aichungs-Kommission hat darüber zu wachen, daß im gesammten Bundesgebiete das Aichungswesen nach übereinstimmenden Regeln und dem Interesse des Verkehrs entsprechend gehandhabt werde. Ihr liegt die Anfertigung und Verabfolgung der Normale (Artikel 9), so weit nöthig auch der Aichungsnormale (Artikel 15) an die Aichungsstellen des Bundes ob, und ist sie daher mit den für ihren Geschäftsbetrieb nöthigen Instrumenten und Apparaten auszurüsten.

Die Normal-Aichungs-Kommission hat die näheren Vorschriften über Material, Gestalt, Bezeichnung und sonstige Beschaffenheit der Maaße und Gewichte, ferner über die von Seiten der Aichungsstellen innezuhaltenden Fehlergrenzen zu erlassen. Sie bestimmt, welche Arten von Waagen im öffentlichen Verkehr oder nur zu besonderen gewerblichen Zwecken angewendet werden dürfen und setzt die Bedingungen ihrer Stempelfähigkeit fest. Sie hat ferner das Erforderliche über die Einrichtung der sonst in dieser Maaß- und Gewichts-Ordnung aufgestellten Meßwerkzeuge vorzuschreiben, sowie über die Zulassung anderweiter Geräthschaften zur Aichung und Stempelung zu entscheiden. Der Normal-Aichungs-Kommission liegt es ob, das bei der Aichung und Stempelung zu beobachtende Verfahren und die Taxen für die von den Aichungsstellen zu erhebenden Gebühren (Artikel 15) festzusetzen und überhaupt alle die technische Seite des Aichungswesens betreffenden Gegenstände zu regeln.

Artikel 19.

Sämmtliche Aichungsstellen des Bundesgebiets haben sich, neben dem jeder Stelle eigenthümlichen Zeichen, eines übereinstimmenden

Stempelzeichens zur Beglaubigung der von ihnen geaichten Gegenstände zu bedienen.

Diese Stempelzeichen werden von der Normal-Aichungs-Kommission bestimmt.

Artikel 20.

Maaße, Gewichte und Meßwerkzeuge, welche von einer Aichungsstelle des Bundesgebiets geaicht und mit dem vorschriftsmäßigen Stempelzeichen beglaubigt sind, dürfen im ganzen Umfange des Bundesgebiets im öffentlichen Verkehr angewendet werden.

Artikel 21 bis 23.
(Als Uebergangsbestimmungen inzwischen erledigt.)

2.
Bestimmung des Strafgesetzbuches
in der Fassung des Gesetzes vom 26. Februar 1876.

§. 369.

Mit Geldstrafe bis zu einhundert Mark oder mit Haft bis zu vier Wochen werden bestraft:

2. Gewerbetreibende, bei denen zum Gebrauche in ihrem Gewerbe geeignete, mit dem gesetzlichen Aichungsstempel nicht versehene oder unrichtige Maaße, Gewichte oder Waagen vorgefunden werden, oder welche sich einer anderen Verletzung der Vorschriften über die Maaß- und Gewichtspolizei schuldig machen.

Neben der Geldstrafe oder der Haft ist auf die Einziehung der vorschriftswidrigen Maaße, Gewichte, Waagen oder sonstigen Meßwerkzeuge zu erkennen.

Allgemeine Aichungsvorschriften.

Aichordnung.

§. 79.

Als Stempelzeichen zur Beglaubigung geaichter Gegenstände dient ein gewundenes Band mit der Inschrift D. R.

Für Präzisionsgegenstände erhält das Stempelzeichen zwischen D. und R. einen sechsstrahligen Stern.

Stempelzeichen.

§. 80.

Der Stempel der Normal-Aichungs-Kommission enthält über und unter dem Bande einen sechsstrahligen Stern; der Stempel jeder Aichungs-Aufsichtsbehörde über dem Bande die derselben zugetheilte Ordnungszahl, unter dem Bande den sechsstrahligen Stern; der Stempel jeder Aichungsstelle über dem Bande die Ordnungszahl der Aichungs-Aufsichtsbehörde, unter demselben die Ordnungszahl der Aichungsstelle.

Instruktion.

Im Verkehr sind bis auf Weiteres noch zulässig: Gegenstände mit einem der älteren Stempelzeichen, welche nach Form und Anordnung genügen, jedoch statt mit D. R. mit N. D. B., G. H. B., G. H. bezeichnet sind.

Uebergangsbestimmung.

---

2. Genügt ein zur ersten Aichung gebrachter Gegenstand nach Material, Gestalt, Bezeichnung und sonstiger Beschaffenheit, oder in Betreff der Aichfehlergrenzen den Vorschriften nicht, und ist die Be-

Rückgabeschein.

seitigung der Vorschriftswidrigkeiten gemäß Nr. 4 nicht möglich, so erfolgt die Rückgabe des Gegenstandes, auf Wunsch unter Ausfertigung eines Rückgabescheines.

Aichschein. 3. Genügt ein zur ersten Aichung gebrachter Gegenstand den Vorschriften, so erfolgt die Stempelung, auf Wunsch unter Ausfertigung eines Aichscheines. Die Zahl der Stempel darf nicht über die vorschriftsmäßige Anzahl hinaus vermehrt werden.

Berichtigung. 4. Kann ein zur ersten Aichung gebrachter Gegenstand mit geringer Mühe und ohne kostspielige Einrichtungen in vorschriftsmäßigen Zustand versetzt werden, so hat die Aichungsstelle, wenn nicht Einspruch der Betheiligten erfolgt, die Berichtigung und alsdann die Stempelung zu bewirken.

Bei aichamtlichen Berichtigungen sollen nicht bloß die Ueberschreitungen der Aichfehlergrenzen beseitigt, sondern die Gegenstände so nahe richtig gemacht werden, als es die vorschriftsmäßigen Prüfungsmittel gestatten.

Berichtigungsarbeiten u. s. w., welche in dem Folgenden nicht ausdrücklich gestattet sind, sollen von den Aichungsstellen ohne besondere Anordnung der Landesbehörde nicht ausgeführt werden.

Befundschein. 5. Die Prüfung auf die Zulässigkeit im Verkehr erfolgt, soweit im Einzelnen nicht Besonderes bestimmt ist, ebenso wie die Prüfung behufs der ersten Aichung. Ergiebt sich, daß der Gegenstand die Verkehrsfehlergrenzen einhält und den Vorschriften noch genügt, so ist, falls nicht eine erneute Stempelung verlangt wird, der Gegenstand, auf Wunsch unter Ausfertigung eines Befundscheines, zurückzugeben.

Rückgabeschein für gestempelte Gegenstände. 6. Wenn der Gegenstand die Verkehrsfehlergrenzen überschreitet, oder den Vorschriften nicht genügt, ohne daß diese Abweichung auf Grund der Nr. 4 beseitigt werden kann, so wird der Gegenstand nach Vernichtung der Aichungsstempel zurückgegeben, auf Wunsch unter Ausfertigung eines Rückgabescheines.

Gegenstände, von welchen nicht angenommen werden muß, daß sie nach Erlaß der Instruktion vom 1. Mai 1885 geaicht wurden, sind nur dann unzulässig, wenn sie Vorschriften der früheren Aichordnung und der dazu vor ihrer Aichung bereits erlassenen Nachträge nicht genügen.

7. Wird ein Gegenstand zur Wiederholung der Aichung ein= Nach=
aichung.
geliefert, oder wird bei einem nur zur Prüfung auf die Zulässigkeit im Verkehr eingelieferten Gegenstande eine erneute Stempelung ver= langt, so ist in Betreff der Prüfung, Berichtigung und Stempelung wie bei der ersten Aichung zu verfahren, soweit nicht für gewisse Fälle Abweichendes bestimmt ist.

Hat auf Wunsch die Berichtigung eines gestempelten Gegenstandes stattgefunden, so soll eine erneute Stempelung erfolgen.

Bei jeder erneuten Stempelung sind, wenn die neue Stempelung nicht schon an sich die Beseitigung der vorhandenen Stempel erfordert, die letzteren mittelst des dafür bestimmten Zeichens zu kassiren.

8. Im Allgemeinen genügt es, daß die Abweichungen von den Fehler=
grenzen.
Gebrauchsnormalen und den Angaben der Normalapparate innerhalb der Aichfehlergrenzen bleiben. Wird aber der Präzisionsstempel ge= wünscht, so soll, sobald die Abweichung der Fehlergrenze nahe kommt, der Fehler des Normals in Rechnung gezogen werden. Ergiebt sich dann eine die Fehlergrenze überschreitende Abweichung von der Richtigkeit, so ist gemäß Nr. 4 die Berichtigung auszuführen oder der Gegenstand zurückzugeben. Der Fehler des Normals ist übrigens auch dann in Betracht zu ziehen, wenn die Prüfung von Präzisionsgegenständen, welche von einem Betheiligten in größeren Partien eingeliefert werden, ergiebt, daß bei mehr als $^3/_4$ der Ge= sammtzahl die Abweichungen nach derselben Seite hin $^6/_{10}$ der Fehler= grenze überschreiten.

9. Die Aufsichtsbehörden oder die von ihnen hierzu ermächtigten Gegen=
stande
besonderer
Genauig=
keit oder
Be=
schaffen=
heit.
Aichungsbeamten sind befugt, Prüfungen und Berichtigungen von Gegenständen anderer Beschaffenheit oder höherer Genauigkeit als für Verkehrsgegenstände vorgeschrieben auszuführen. In einem Beglaubigungsschein ist die Genauigkeit anzugeben, sowie der Gegen= stand nach Beschaffenheit und Bezeichnung zu kennzeichnen. Gegenstände, welche nach ihrer Beschaffenheit die für die Zulassung zur Aichung maß= gebenden Vorschriften nicht einhalten, dürfen einen Stempel nicht em= pfangen. Andere Gegenstände dürfen den Aichungsstempel oder, sobald sie die Genauigkeit der Gebrauchsnormale und Normalapparate für Ge= genstände des Handelsverkehrs einhalten, den Präzisionsstempel erhalten.

Aichungen für einzelne Bezirke.

10. Ergiebt sich für einzelne Landestheile die Nothwendigkeit besonderer, in der Aichordnung nicht vorgesehener Aichungen, so ist bei der Landesbehörde und durch diese bei der Normal-Aichungs-Kommission deren Zulassung zu beantragen.

Geschäftsübersicht.

11. Jede Aichungsstelle hat jährlich eine Uebersicht über ihre Aichungs- und Prüfungsarbeiten anzufertigen und der Aufsichtsbehörde einzusenden. Zu diesem Behufe haben die Aichungsstellen Geschäftsbücher zu führen, in welche alle Aichungen und Prüfungen fortlaufend eingetragen werden; die Bücher müssen alle Spalten der Geschäftsübersicht enthalten.

Ausrüstung der Aichungsstellen.

12. Die Aichungsstellen sind mit den erforderlichen Normalen und Normalapparaten, mit Hülfsmitteln zur Fehlerbestimmung, mit den zugehörigen Hülfsapparaten und Geräthschaften, außerdem mit Aichungs-, Bezeichnungs- und Kassirungsstempeln auszurüsten.

Die Beschaffung von Aichungsstempeln soll durch Vermittelung der Aufsichtsbehörde gegen Rückgabe der alten Stempel erfolgen; von allen abgegebenen Stempeln bleiben Abdrücke bei der Aufsichtsbehörde.

Aichungsnormale u. s. w.

13. Die bei den Prüfungsarbeiten zur Anwendung kommenden Gebrauchsnormale, Normalapparate u. s. w. dürfen von den zur Aichung zuzulassenden Gegenständen nicht im ungünstigen Sinne abweichen.

Normale und Normalapparate sind mit dem als Präzisionszeichen dienenden sechsstrahligen Stern zu kennzeichnen, und zwar Gebrauchsnormale für Gegenstände des Handelsverkehrs mit zwei, Gebrauchsnormale für Präzisionsgegenstände mit drei Sternen. Die Sterne sollen an einer derjenigen Stellen, an welchen Gegenstände des Verkehrs zu stempeln sind, angebracht werden. Außerdem dürfen die Normale und Normalapparate eine in ihrem Beglaubigungsschein anzugebende Nummer tragen.

Gebrauchsnormale und Normalapparate dürfen nur zu instruktionsmäßigen Anwendungen benutzt werden, soweit nicht anderweite Anordnungen der Landesbehörde vorliegen.

Zur Kontrole der Gebrauchsnormale und Normalapparate soll jede Aichungsstelle mit Kontrolnormalen und Kontrolnormalapparaten versehen sein, deren Material und sonstige Beschaffenheit die Einhaltung noch engerer Fehlergrenzen verbürgt, als für die Gebrauchsnormaleinrichtungen zugelassen sind. Die Kontrolnormale sind sorgfältig unter Verschluß aufzubewahren und nur zur Prüfung der Gebrauchsnormale anzuwenden, soweit nicht anderweite Anordnungen der Landesbehörde vorliegen.

14. Die Arbeitsräume der Aichungsstellen sollen so trocken, hell und groß sein, daß die Erhaltung des vorschriftsmäßigen Zustandes aller technischen Einrichtungen, die Erhaltung eines guten Zustandes der zur Aichung gebrachten Gegenstände und die Genauigkeit der Prüfungen verbürgt werden kann. *Arbeitsräume.*

Während der Arbeitszeit soll die Temperatur der Arbeitsräume in einem mittleren Stande, von 16 Centigraden nur um wenige Grade verschieden, erhalten werden. Unter Ausschluß der störenden Erwärmung durch Sonnenstrahlung soll die Temperatur der Arbeitsräume, der zu aichenden Gegenstände sowie der Normale und Prüfungsmittel nahezu eine übereinstimmende sein.

15. Als Amtsstelle gilt jede Lokalität, an welcher die zur Ausführung der Aichungen erforderlichen Einrichtungen vorhanden sind und zu welcher von Jedermann Gegenstände eingeliefert werden dürfen. Als Amtsstellen gelten auch die zu einem Aichamt gehörigen Nebenstellen. *Amtsstelle.*

Die Aichungen haben der Regel nach an der Amtsstelle zu erfolgen.

Aichungen außerhalb der Amtsstelle sind nur dann zulässig, wenn es sich um schwer bewegliche oder leicht verletzbare Gegenstände oder um Gegenstände handelt, für deren Aichung besondere Vorrichtungen erforderlich sind, und wenn die Räume für die Aichung den Bedingungen unter Nr. 14 genügen.

Ständige Aichungen außerhalb der Amtsstelle sind nur dann zulässig, wenn nicht bloß die vorstehenden Voraussetzungen zutreffen, sondern auch alle Einrichtungen und Hülfsmittel von den Betheiligten beschafft sind, und wenn für die Erhaltung des vorschriftsmäßigen Zustandes der Prüfungsmittel gesorgt ist.

Aichgebühren-Taxe.

1. Arbeiten, zu welchen die Aichungsstellen verpflichtet sind, werden lediglich nach den Sätzen der Gebührentaxe berechnet. Wird ein Gegenstand auf Grund bloßer Besichtigung ohne weitere Mühewaltung nicht aichfähig befunden, so berechtigt die Taxe zur Berechnung von Gebühren nicht.

2. Für Berichtigungsarbeiten, welche den Aichämtern ausdrücklich gestattet sind, für welche aber Gebührensätze nicht bestehen, darf eine angemessene Vergütung berechnet werden; die Aufsichtsbehörden sind befugt, deren Höhe nach Ermessen zu beschränken.

3. Bei Maaßen und Gewichten mit der Genauigkeit der Gebrauchsnormale, einschließlich der Aichkolben und Anhängegewichte, gilt das Doppelte der Gebührensätze für die entsprechenden oder nach Maaß- oder Gewichtsgröße am nächsten stehenden Verkehrsgegenstände. Bei Waagen mit der Genauigkeit der Aichamtswaagen gilt das Vierfache der Gebührensätze für die entsprechenden gleicharmigen Balkenwaagen.

4. Für Aichungsgeschäfte außerhalb der Amtsstelle sind neben den Gebühren zu berechnen:
   a. an Tagegeld nach der einschließlich der Hin- und Rückreise verwendeten Zeit:

   für fünf Stunden und weniger . . . . 3,50 ℳ

   bei längerer Zeitdauer für jeden Tag . . 7,00 =
   b. die Kosten der Hin- und Rückbeförderung unter Beachtung der von der Landesbehörde bestimmten Sätze;
   c. die Auslagen für den Transport der technischen Hülfsmittel, sowie für Arbeitshülfe.

5. Gebühren für Arbeitshülfe und verwendetes Material, sowie für Nebenarbeiten bleiben außerhalb der Amtsstelle außer Ansatz, sofern dafür seitens der Betheiligten gesorgt ist.

6. Die Aichungsstellen haben sich jeglicher Ermäßigung von Gebühren, sowie jeglicher Vergünstigung durch Uebernahme von Transportkosten, durch Stundung der Gebühren u. dergl. zu enthalten.

I. Vorschriften für Längenmaaße.

Aichordnung.

§. 1.

Zugelassen sind Maaße   Maaß-
    von 0,1, 0,2 und 0,5 Meter,   größen.
    von 1 bis 10 Meter in Abstufungen von 1 Meter,
    von 10 bis 25 Meter in Abstufungen von 5 Meter.

Eintheilungen sind nach ganzen und halben Metern, sowie nach Zehnteln, Hundertsteln und Tausendsteln beider Maaßlängen zulässig.

§. 2.

Die Maaße sollen aus solchem Material, sowie von solcher   Be-
Gestalt und Querschnittsgröße sein, daß ihre Länge keine Schwan-   schaffen-
kung erfahren kann, welche die Verkehrsfehlergrenzen übersteigt.   heit.

Zulässig sind End= wie Strichmaaße, und zwar:
1. aus einem Stücke;
2. aus mehreren Stücken, deren Zusammenfügung eine genügende Stabilität sichert;
3. Bandmaaße aus Stahl.

Für Längen über 10 m sind nur Bandmaaße zulässig; für Längen unter 1 m sind Bandmaaße nicht zulässig. Für Längen unter 0,5 m sind Werkmaaßstäbe, Langwaarenmaaßstäbe und zusammenlegbare hölzerne Maaße nicht zulässig.

Bei Endmaaßen aus Holz, Elfenbein oder Material von ähnlicher Oberflächenbeschaffenheit bis zu 0,5 m abwärts sollen die Enden metallene Beschläge haben.

Die Eintheilungsmarken auf den Maaßen dürfen durch Striche, Punkte, Stifte u. dergl. hergestellt sein. Alle Längenbegrenzungen sollen so unzweideutig sein, daß aus ihrer Art keine in Betracht der Fehlergrenze merkliche Unsicherheit hervorgehen kann. Bandmaaße mit Endringen, deren Mittelpunkte oder Begrenzungsflächen die Maaßenden bilden, sind zulässig.

Maaße, welche Theile zusammengesetzter Meßwerkzeuge bilden, sind zulässig.

§. 3.

Bezeichnung.

Die Maaße sind, wenn getheilt, auf jeder eingetheilten Fläche, sonst aber mindestens auf einer Seitenfläche mit der Bezeichnung der Länge zu versehen.

Die Bezeichnung soll mit Meter oder mit m geschehen.

Statt 0,5 darf auch $^1/_2$ zur Anwendung kommen.

Die Bezifferung der Unterabtheilungen des Meter darf nach Centimeter oder Millimeter ausgeführt werden, wobei die Bezeichnung cm oder mm gestattet ist.

§. 4.

Arten der Maaße.

Nach der Genauigkeit, welcher die Maaße zu genügen haben, werden unterschieden:

1. Präzisionsmaaßstäbe, welche, in der Länge von höchstens 2 m, aus Metall und aus einem Stück hergestellt sein müssen;
2. Maaße aus Metall und Maaße von höchstens 0,5 m aus Elfenbein oder hartem Holz;
3. Werkmaaßstäbe (Meßlatten), zusammenlegbare Maaße von mehr als 2 m und Langwaarenmaaßstäbe aus Holz, welche letzteren aus einem Stück bestehen müssen;
4. zusammenlegbare Maaße von höchstens 2 m aus Holz;
5. Bandmaaße.

§. 5.

Stempelung.

1. Die Stempelung der gewöhnlichen Längenmaaße erfolgt durch Aufschlagen, bei den größeren hölzernen Maaßstäben auch

durch Einbrennen. Für jede Stempelung, welche auf Stahl, Eisen oder auf Material von ähnlicher Beschaffenheit erfolgen müßte, soll ein Propf oder eine Platte von weichem Metall angebracht und in untrennbarer, nöthigenfalls durch Stempelung zu sichernder Weise befestigt sein.

Die Stempelung der Präzisionsmaaße erfolgt durch Aetzung.

2. Die Stempelung zur Beglaubigung der Gesammtlänge erfolgt dicht an den Enden des Maaßes. Bei den mit Metallkappen versehenen Endmaaßstäben aus Holz ist ein Stempel auf die Endfläche jeder Kappe und ein zweiter entweder halb auf die Kappe oder, wenn dies nicht thunlich, unmittelbar an die Kappe zu setzen.

3. Bei zusammenlegbaren Maaßen sind außer den Enden alle einzelnen in den Gelenken verbundenen Theile, und zwar womöglich so zu stempeln, daß die Zusammengehörigkeit der Theillängen in der vorgefundenen Anordnung gesichert wird. Bei zusammenlegbaren hölzernen Maaßen von 1 und 0,5 m ist die Stempelung der Kappen auf der Endfläche nicht erforderlich.

4. Falls die Enden von Bandmaaßen durch die Mittelpunkte oder durch die Begrenzungsflächen beweglicher Ringe gebildet werden, sind die Ringe durch Stempelung gegen Abnahme zu sichern.

5. Bei Maaßen mit Eintheilung ist noch ein Stempel in der Mitte einer jeden Eintheilung möglichst nahe an der Reihe der Eintheilungsmarken anzubringen.

Ist ein Maaß stellenweise mit engerer Eintheilung versehen, so erfolgt die Beglaubigung der Eintheilungen durch Anbringung je eines Stempels in der Mitte jeder gleichartigen Eintheilungsreihe.

6. Falls die Bezeichnung nicht auf dem Maaße selbst, sondern auf einem Schilde u. dergl. angebracht ist, soll ihre Zugehörigkeit durch Stempelung gesichert werden.

Instruktion.

Zur Nachaichung sind bis zum 31. Dezember 1896 noch zugelassen:

Uebergangsbestimmungen.

    a. Maaße, deren Gesammtlänge mit Dekameter, Dezimeter und Centimeter bezeichnet ist.

b. Maaße, welche außer der metrischen Bezeichnung den Namen „Kette" oder „Stab" tragen.

Im Verkehr sind bis auf Weiteres noch zulässig: Maaße mit zwar unvollständiger Stempelung der Eintheilungsflächen, aber deutlicher Stempelung der Enden, sowie Präzisionsmaaße mit aufgeschlagenen statt aufgeätzten Stempeln.

Beschaffenheit der Maaße.

1. Das Material des Maaßes sowie die Größe und Gestalt des Querschnitts sollen ausreichen, um Veränderungen durch Biegung oder Streckung zu verhindern.

Hölzerne Maaße von weniger als 0,5 m dürfen nur aus hartem, d. h. Buchsbaumholz, bestehen.

Bei zusammenlegbaren Maaßen sind solche Einrichtungen und Querschnitte, bei welchen eine Biegsamkeit des ganzen Maaßes nicht ausgeschlossen ist, zulässig, wenn andauernde Verbiegungen nicht zu befürchten sind.

Hölzerne Maaßstäbe dürfen nicht in einem so feuchten Zustande eingeliefert werden, daß die Umstände, welche bei der Prüfung obwalten, andere sind als bei der Benutzung.

Maaße, welche Theile anderer Geräthschaften bilden, sind nicht zulässig, wenn sie nach Material und Querschnitt so beschaffen sind, daß bei einer von der Geräthschaft getrennten Benutzung Bedenken gegen ihre Zuverlässigkeit entstehen würden. Sie sind dagegen zulässig, wenn die Verbindung mit dem Geräth derart gesichert ist oder durch Stempelung gesichert werden kann, daß eine gesonderte Benutzung ausgeschlossen ist.

Bei Meßwerkzeugen, welche aus einzelnen aichfähigen Theilen in einer ohne Verletzung von Stempeln trennbaren Weise zusammengesetzt sind, z. B. bei ausziehbaren Maaßstäben, dürfen die Theile nicht so beschaffen, z. B. nicht so beziffert sein, daß bei einem gesonderten Gebrauch der einzelnen Stücke Vorschriftswidrigkeiten entstehen können.

Bei der festen Einfügung von Maaßen in andere Geräthschaften ist es zulässig, Endmaaße so aneinander zu setzen, daß sie zusammen eine nicht aichfähige Maaßlänge darstellen.

Sind Maaße in Einrichtungen eingefügt oder mit Nebeneinrichtungen versehen, welche die richtige Anwendung des Maaßes erschweren oder gefährden, z. B. mit Zähleinrichtungen, welche keine Sicherheit der Zählung gewähren, oder mit Zeichen oder Handgriffen, welche offenbar die Anwendung einer unzulässigen Längeneinheit ermöglichen sollen, so sind sie zurückzuweisen.

Wenn durch die Beschaffenheit einer Theilung eine in Betracht der Fehlergrenze merkliche Unsicherheit entstehen kann, so ist die Hinzufügung einer schärferen und engeren Begrenzung, z. B. durch Striche in der Mitte der Marke, zu verlangen.

Marken, welche beseitigt werden können, ohne daß die Veränderung ersichtlich wird, wenn sie z. B. nur aus aufgemalten Strichen bestehen, sind unzulässig.

2. Es ist darauf zu achten, daß die Auflagerungsfläche eben ist, damit keine Durchbiegungen eintreten; besonders ist bei Präzisionsmaaßen hierauf sowie auch darauf zu sehen, daß die Maaßflächen selbst eben verlaufen. *Durchbiegung der Maaße.*

3. Veränderungen, welche durch die Temperatur und bei hölzernen Maaßstäben auch durch den Feuchtigkeitsgrad bedingt werden, dürfen nur geringen Einfluß auf die Prüfungsergebnisse äußern. Deshalb werden die Maaße mit solchen Normalen verglichen, welche in Folge ähnlichen Materials und Querschnitts der Einwirkung von Temperatur und Feuchtigkeit nahezu in demselben Grade unterworfen sind. Auch müssen die Maaße bei der Prüfung sich nahe in demselben Temperatur- und Feuchtigkeitszustande befinden wie die Normale. *Feuchtigkeit und Temperatur bei der Prüfung.*

4. Hat das Maaß die gleiche oder eine kleinere Länge als das Normal, so ergiebt sich die Gesammtlänge unmittelbar, nachdem das eine Maaßende auf das eine Ende des Normals eingestellt ist. Bei dieser Lage wird auch die erste, jenem Ende zunächstliegende Hälfte der Eintheilung geprüft, während für die Prüfung der zweiten Eintheilungshälfte das andere Maaßende auf das andere Ende des Normals einzustellen ist. *Gang der Prüfung.*

Bei Maaßen von 2 m abwärts ist außer dem Abstande jeder Theilmarke von dem einen Ende nur dann auch der Abstand von dem andern Ende durch Messung oder Rechnung zu prüfen, wenn der Abstand einer Theilmarke von dem einen Ende in entgegengesetztem Sinne wie die Gesammtlänge fehlerhaft befunden wird.

Finden sich nicht für alle zu prüfenden Eintheilungsmarken entsprechende Striche auf dem Normal, so ist zunächst die Richtigkeit derjenigen Marken zu untersuchen, für welche das Normal Striche enthält; die anderen Marken sind sodann durch Anlegung an diejenige Strecke des Normals, welche die entsprechende Eintheilung besitzt, zu prüfen.

In Verbindung mit obigen Prüfungen ist festzustellen, ob die Abweichungen benachbarter Eintheilungs=Intervalle die Fehlergrenze einhalten. Bei Maaßen, deren Fehlergrenze für die Gesammtlänge mehr als 0,5 mm beträgt, genügt es, Millimeterstriche auf ihre Lage zu den benachbarten Centimeterstrichen nach dem Augenmaaß zu prüfen. Centimeterstriche sind durch Vergleichung mit dem Normal zu prüfen.

Bei Maaßen, welche länger sind als das Normal, setzt die Prüfung der Gesammtlänge sich aus den Prüfungen derjenigen Theillängen zusammen, welche der Länge des Normals entsprechen. Die Abweichung der Gesammtlänge ergiebt sich alsdann aus der Summe der bei den Theillängen gefundenen Abweichungen, während sich für die Eintheilungsmarken der ersten Theillänge die Fehler unmittelbar, für die Eintheilungsmarken der weiteren Theillängen je als Summe aus ihrer eigenen Abweichung und aus den Fehlern der vorhergeprüften Theillängen ergeben. Hat das Maaß mehr als 2 m Länge, so wird die Prüfung für die zweite Hälfte der Eintheilung vom anderen Ende aus bewirkt.

Ein mit Eintheilung nicht versehenes Maaß, welches länger als das Normal ist, wird unter Anbringung von Hülfsmarken geprüft, mittelst deren man die zweite und jede weitere Anlegung des Normals anschließt.

Gesammtlänge. Als Gesammtlänge eines Endmaaßes gilt, falls letzteres keine Eintheilungen enthält, der Abstand der Mitten der Endflächen, falls dagegen eine Seitenfläche eine Eintheilung enthält, der Abstand der beiden Kanten, in welchen Eintheilungsfläche und Endflächen zusammenstoßen. Sind mehrere Seitenflächen eingetheilt oder mit der Gesammtlänge bezeichnet, so sind ebensoviel Gesammtlängen als eingetheilte und als bezeichnete Flächen vorhanden. Auch die zwischen den Mitten der Endflächen und die zwischen den Endkanten der nicht eingetheilten Seitenflächen enthaltenen Gesammtlängen sollen die Fehlergrenze nicht überschreiten. Bei Präzisionsmaaßstäben ist die Prüfung besonders hierauf zu richten, bei anderen Maaßstäben genügt eine Schätzung nach dem Augenmaaß.

Sind die Gesammtlängen eines Maaßes nicht sämmtlich eingetheilt, so ist stets die mit Eintheilung versehene, sind die Eintheilungen nicht sämmtlich gleicher Art, so ist stets diejenige mit den meisten Theilungsmarken als erste zu prüfen; alle weiteren Prüfungen gelten als zusätzliche. *Zusätzliche Prüfung.*

Eine zusätzliche Prüfung findet nicht statt:
a. wenn auf einem Endmaaße zwar mehrere Gesammtlängen, nicht aber mehrere Eintheilungen sich finden;
b. wenn auf Präzisionsmaaßstäben, auf Maaßen aus Metall von 2 m abwärts, aus Elfenbein oder hartem Holz nur einzelne Hauptstriche einer Eintheilung von einer Kante bis zur anderen durchgeführt und an der letzteren Kante zur Benutzung beim Messen nicht bestimmt sind;
c. wenn auf anderen als den vorstehend bezeichneten Maaßstäben eine Seitenfläche mehrere Eintheilungen trägt.

In diesen drei Fällen werden die einer zusätzlichen Prüfung nicht unterliegenden Gesammtlängen und Eintheilungen nur nach dem Augenmaaß auf ihre Richtigkeit geschätzt.

Maaße mit unzulässiger Nebeneintheilung u. dergl. sind zurückzuweisen. Zulässig ist jedoch die An- oder Einfügung von Eintheilungsflächen, welche einen Nonius oder ein anderes Hülfsmittel feinerer Eintheilung enthalten; von ihrer Prüfung ist abzusehen.

5. Hölzerne Maaßstäbe sind mit demjenigen hölzernen Normal zu vergleichen, welchem sie nach Länge oder Querschnitt am nächsten stehen. Zur Prüfung der Maaßstäbe für Langwaaren ist jedoch das stählerne Normal anzuwenden, dessen Anschlageinrichtung die Prüfungen der Gesammtlänge für Strichmaaß und Endmaaß zu verbinden *Normale für Maaße aus Holz u. s. w.*

gestattet. Bei dieser Prüfung wird die Endfläche des Maaßstabes an die Anschlagsfläche des Normals so gelegt, daß die Theilstriche beider Maaßstäbe aneinander liegen.

Maaßstäbe aus Elfenbein oder Buchsbaumholz werden mit dem Normal aus Messing geprüft.

Die Prüfung zusammenlegbarer hölzerner Maaßstäbe von 2 m abwärts geschieht unter Auflegen auf die Eintheilungsflächen eines der hölzernen Normale.

Normale für metallene Maaßstäbe. 6. Für eiserne oder stählerne Maaßstäbe ist das stählerne Normal, für messingene oder bronzene Maaßstäbe das messingene Normal anzuwenden. Normal und Maaßstab müssen möglichst ihrer ganzen Länge nach in Berührung sein.

Normale für Bandmaaße. 7. Für Bandmaaße ist das Normalbandmaaß so zu benutzen, daß letzteres und das zu prüfende Maaß auf möglichst große Strecken einander berührend ausgespannt werden. Bandmaaße bis zu 5 m können auch mittelst des stählernen Normalstabes geprüft werden.

Hülfsmittel der Prüfung. 8. Wenn es nicht möglich ist, die Endflächen oder Endmarken und die Eintheilungsmarken des Maaßes und des Normals so nahe an- oder aufeinander zu legen, daß nach dem Augenmaaß die Vergleichung stattfinden kann, so ist die Uebertragung von dem einen Maaß auf das andere mit Hülfe eines Anschlagwinkels auszuführen, welchen man von Strich zu Strich an der Kante des Normals entlang verschiebt.

Bei der Vergleichung von zwei Maaßstäben, deren einer eine Eintheilungsfläche hat, welche deutliche Spiegelbilder erkennen läßt, darf für den Fall, daß die Eintheilungskanten des Normals und des Maaßes sonst nicht zur Berührung gebracht werden können, die Prüfung ohne Anschlagwinkel ausgeführt werden. Man legt hierbei den einen Maaßstab mit der Eintheilungskante auf die Eintheilungsfläche des anderen so, daß von den Theilstrichen des einen ein Spiegelbild an der Oberfläche des anderen entsteht. Dann wird der eine Maaßstab auf dem anderen so verschoben, daß die Anfangsstriche der Theilungen zusammentreffen und die Kanten parallel liegen. Endlich untersucht man die Lage der Endstriche und Theilstriche gegeneinander, wobei das Auge so zu halten ist, daß das

Spiegelbild eines Striches parallel zu dem zu vergleichenden Striche der spiegelnden Eintheilungsfläche liegt.

Zur Abschätzung der Abweichungen der Gesammtlänge und der Eintheilungsmarken von denen des Normals ist, falls hierfür die Eintheilungen nicht hinreichen, eine Millimetereintheilung auf Glas, von welcher ein Millimeter in halbe oder viertel Millimeter eingetheilt ist, oder ein Nonius anzuwenden.

9. Die Prüfung der Präzisions-Strichmaaße geschieht gemäß Nr. 8 mit dem messingenen Normal. Zur Vergleichung eines Endmaaßes mit diesem Normal (Strichmaaß) kann ein Stangenzirkel mit schwach einwärts gerichteten Spitzen dienen. *Normal für Präzisionsmaaße.*

Bei Maaßen aus Messing oder Bronze kann der Unterschied ihrer durch die Wärme bewirkten Ausdehnung und der Ausdehnung des Normals nach einer viertelstündigen Aneinanderlegung beider unberücksichtigt bleiben.

Bei eisernen oder stählernen Präzisionsmaaßen ist dagegen unter der Voraussetzung, daß Maaß und Normal durch die Dauer der Aneinanderlegung gleiche Temperaturen angenommen haben, zu berücksichtigen, daß durchschnittlich ein Meter aus Messing

bei + 10 Centigrad um 0,08 mm
= + 20   =   = 0,16 =

länger sein soll als ein Meter aus Stahl.

10. Zu Berichtigungen sind die Aichungsstellen nicht verpflichtet. *Berichtigungen.*

11. Die Einschnitte auf den Köpfen der die Endbeschläge u. s. w. haltenden Schrauben sollen, unter Ausgleichung ihrer Flächen mit den Maaßflächen, beseitigt werden; eine ausreichende Anzahl dieser Schraubenköpfe ist zu stempeln. Bei Meßlatten, deren Kappen durch Stifte befestigt sind, werden letztere an einem Ende vernietet und gestempelt. *Stempelung*

Die Stempelung der Endmaaße auf der Endfläche metallener Beschläge oder Kappen unterbleibt, wenn eine der Abmessungen der Endfläche 1 cm nicht übersteigt.

Der Vorschrift, daß Metallkappen der Endmaaße an der Seite — auf oder dicht an der Kappe — gestempelt werden sollen, wird in allen Fällen durch einmalige Stempelung dieser Art für jede

Kappe genügt, selbst dann, wenn auf mehreren Seiten des Maaß=
stabes Gesammtlängen oder Eintheilungen vorhanden sind.

Bei zusammenlegbaren Maaßstäben erhalten die zwischen den
End= und Mittelstücken befindlichen Theilstücke auf je einem Gelenke
oder, falls dies wegen der Gefahr der Beschädigung nicht thunlich,
je in der Mitte einen Stempel.

Eintheilungen, welche zusätzlich geprüft sind, unterliegen auch
einer zusätzlichen Stempelung. Für den Fall, daß zwei Eintheilungen
gleicher Länge an den beiden Kanten der nämlichen Fläche einander
gegenüber aufgebracht und diese Kanten höchstens 2 cm von einander
entfernt sind, genügt einmalige Stempelung in der Mitte zwischen
beiden Kanten.

Durch die Größe der Stempel soll möglichst verhütet werden,
daß nachträglich ein Maaß mit engeren Eintheilungen versehen wird.
Deshalb soll die Beglaubigung von Eintheilungen in Centimeter=
und größere Intervalle durch den Stempel 2 B, die Beglaubigung
kleinerer Eintheilungen durch den Stempel 2 C der Stempeltafel
erfolgen.

Zusätzlich geprüfte Gesammtlängen unterliegen der zusätzlichen
Stempelung nur bei den Präzisionsmaaßstäben, ferner bei Maaßen
aus Metall von 2 m abwärts, aus Elfenbein oder hartem Holz,
sofern sie Strichmaaße sind. Sind die Gesammtlängen gleicher Art,
ihre Begrenzungen an den beiden Kanten der nämlichen Fläche auf=
gebracht und diese Kanten höchstens 2 cm von einander entfernt, so
genügt an jedem Ende des Maaßes eine einmalige Stempelung in
der Mitte zwischen beiden Kanten.

Für hölzerne Maaße werden die Stempel mit scharfkantigen
Umrissen angewandt, nachdem sie mit Ruß etwas eingefärbt worden
sind. Bei größeren Maaßen aus Holz können die kleineren Brenn=
stempel zur Anwendung kommen.

Aetz=stempel. Zur Stempelung der Präzisionsmaaße dienen verschiedene Aetz=
massen, je nachdem Eisen, Stahl und Nickel oder andere Metalle
zu stempeln sind. Die Aetzmasse wird auf einer mattgeschliffenen
Glasplatte zu einer möglichst dünnen und gleichmäßigen Schicht ver=
rieben und aus dieser dem Kautschukstempel mitgetheilt. Der

Stempel ist auf eine blanke und metallisch reine Stelle aufzusetzen; letztere wird deshalb unmittelbar vor der Stempelung leicht abgeschabt oder mit Schmirgelpapier (bezw. mit Lederlappen) abgerieben.

Die Stempelbilder werden bei Messing, Bronze, Neusilber oder Kupfer unmittelbar nach dem Aufdrucken mit einem feuchten Tuch überwischt und hierauf mit etwas Oel eingerieben. Bei Nickel, Eisen oder Stahl läßt man die Stempelbilder 15 Minuten lang unberührt und überwischt sie dann sorgfältig mit einem Oellappen.

Die Stempelbilder werden schließlich etwas angewärmt und mit Spirituslack überzogen, der je nach der Farbe des gestempelten Materials gelb oder weiß zu wählen ist. Bei fein lackirten oder polirten Flächen kann der Lacküberzug unterbleiben.

Die Aetzmasse ist sorgfältig vor der Einwirkung feuchter Luft zu schützen und deshalb in gut verschlossenen Gefäßen aufzubewahren.

Aichgebühren-Taxe.

	A. Aichung		C. bloße Prüfung	
	a. Gesammtlänge Pf.	b. Eintheilung Pf.	c. Gesammtlänge Pf.	d. Eintheilung Pf.
1. Präzisionsmaaßstäbe	60	30	30	30
2. Metallene und von 0,5 m abwärts auch Buchsbaum- oder Elfenbein-Maaßstäbe von				
10 und 9 m	100	40	50	40
8, 7 und 6 m	80	30	40	30
5, 4 und 3 m	60	20	30	20
2 und 1 m	40	15	20	15
0,5 bis 0,1 m	30	15	15	15
3. Werk- und Langwaaren-Maaßstäbe aus Holz von				
10 und 9 m	80	20	40	20
8, 7 und 6 m	70	15	35	15

Längenmaaße.

	A. Aichung		C. bloße Prüfung	
	a. Gesammtlänge Pf.	b. Eintheilung Pf.	c. Gesammtlänge Pf	d. Eintheilung Pf.
5 und 4 m	50	10	25	10
3 und 2 m	30	10	15	10
1 und 0,5 m	10	5	5	5
4. Zusammenlegbare Maaßstäbe aus Holz von 2 m abwärts . . .	20	10	10	10
5. Bandmaaße von 25, 20 und 15 m . . .	60	20	30	20
10 bis 5 m	50	15	25	15
kürzere . . .	30	10	15	10

Außerdem in allen Fällen für das Einbrennen oder Aufschlagen der Längenbezeichnung 20 Pf.

Auf Grund vorstehender Sätze ist zu berechnen:
1. für die Gesammtlänge
   a. wenn das Maaß nur **eine** Gesammtlängenbegrenzung hat, der Satz unter A, a;
   b. wenn es **mehrere** Gesammtlängenbegrenzungen hat
      für **jede** Gesammtlänge, auf welcher eine Stempelung erfolgt, der Satz unter A, a;
      für **jede** Gesammtlänge, welche ohne Stempelung bleibt, der Satz unter C, c.

   Bei Präzisionsmaaßstäben, die Endmaaße sind, gilt die Prüfung der Richtigkeit aller nicht eingetheilten Gesammtlängen nur als Prüfung **einer** Gesammtlänge.

2. für die Eintheilungen
   bei Präzisionsmaaßstäben für je 100 Marken der Satz unter A, b.

   Die Zahl der Marken wird nach oben auf volle Hunderte abgerundet, zuvor aber, wenn mehrere ge=

Längenmaaße.

sonderte Eintheilungsreihen zu prüfen waren, für alle Reihen zusammengezählt;

bei anderen Maaßstäben
a. wenn das Maaß nicht mehr als 100 Eintheilungsmarken hat, der Satz unter A, b;
b. wenn es mehr als 100 Eintheilungsmarken hat,
für je 100 Marken, die um mindestens 1 cm von einander abstehen, der Satz unter A, b;
für je 100 der engeren Eintheilungsmarken
bei metallenen, Elfenbein= oder Buchsbaum= Maaßen $1/2$ des Satzes unter A, b, jedoch 8 statt $7 1/2$ Pf.,
bei allen anderen Maaßen $1/5$ des Satzes unter A, b.

In den Fällen unter Nr. 2 b ist die Zahl einerseits der weiteren und andererseits der engeren Marken
nach oben auf volle Hunderte abzurunden,
zuvor aber, wenn mehrere gesonderte Eintheilungsreihen zu prüfen waren, für alle Reihen zusammenzuzählen.

Für die bloße Prüfung der Gesammtlänge eines Bandmaaßes von mehr als 2 m tritt zu dem Satz C, c der Satz unter C, d hinzu.

II. Vorschriften für Flüssigkeitsmaaße, Meßwerkzeuge für Flüssigkeiten und Meßflaschen.

Aichordnung.

A. Flüssigkeitsmaaße.

§. 6.

Maaßgrößen. Zugelassen sind Maaße von
20, 10, 5, 2, 1 Liter,
0,5, 0,2, 0,1 =
0,05, 0,02, 0,01 =
außerdem von $1/4$ = .

§. 7.

Material. Zugelassen sind Maaße
aus Zinn oder Zinnlegirungen,
aus Messing, Bronze oder Kupfer, sobald dieselben innen vollständig verzinnt sind,
aus Weißblech, vernickeltem oder mit Nickel plattirtem Stahl- oder Eisenblech,
aus Glas.

§. 8.

Gestalt. Maaße von 2 l abwärts sollen die Form eines Cylinders haben. Das Verhältniß des Durchmessers zur Höhe soll sein:
bei 2, 1 und $1/2$ l wie 1 : 2
bei $1/4$ = = 1 : 1,9.

Diese Bestimmungen gelten als erfüllt, sobald die Durchmesser nicht um mehr als 5 Prozent von den Sollwerthen abweichen.

Flüssigkeitsmaaße u. s. w.

Abweichungen von der cylindrischen Gestalt sind auch dahin gestattet, daß sie bei dem oberen und unteren Durchmesser nach entgegengesetzten Seiten liegen.

Bei den Maaßen von 0,2 bis zu 0,01 l soll der Durchmesser gleich der Höhe sein. Abweichungen wie vorher sind auch hier gestattet.

Maaße von 5, 10 und 20 l sollen cylinder- oder tonnenförmig sein mit engerem cylindrischen Halse.

Die Weite des Halses darf bei Maaßen von 5 l nicht mehr als 12 cm, bei Maaßen von 10 und 20 l nicht mehr als 15 cm betragen.

§. 9.

Die Bezeichnung hat mit Liter oder l zu erfolgen. Dieselbe wird auf dem Maaße eingravirt oder aufgeschlagen, bei Blechmaaßen wohl auch auf einer aufgelötheten Zinnstelle oder auf einem aufgelötheten Schilde angebracht, dessen Zugehörigkeit durch einen zu stempelnden Zinntropfen zu sichern ist. Auf gläsernen Maaßen wird die Bezeichnung durch Aetzen, Schleifen u. dergl. ausgeführt.

Bezeichnung.

Für die Abstufungen von 0,2 bis zu 0,01 l ist nur die dezimale, für das $1/4$ l nur die gewöhnliche Bruchform, für das 0,5 l jede dieser Formen zuläsig.

§. 10.

1. Die Beschaffenheit und Stärke der Wände und des Bodens soll derartig sein, daß die Maaße den beim Gebrauche vorkommenden Einwirkungen Widerstand leisten und Verletzungen leicht erkennen lassen.

Beschaffenheit.

2. Gestattet sind Maaße, bei denen der Spiegel der Füllung mit dem Rande in einer Ebene oder nahe unter dem Rande liegt.

3. Bei beiden Arten sind Ausgüsse zulässig, welche bei ersterer zu dem Maaßraum gehören sollen, bei letzterer in den Maaßraum hinabreichen dürfen.

4. Bei Maaßen, bei welchen der Spiegel der Füllung unter dem Rande liegt, darf der Raumgehalt begrenzt werden:

durch zwei einander gegenüberliegende Abflußöffnungen,

durch eine Abflußöffnung und einen gegenüberliegenden Stift,
durch eine Abflußöffnung und zwei um je $1/3$ des Umfanges von dieser Oeffnung abstehende Stifte,
durch zwei einander gegenüberliegende oder durch drei gleichmäßig auf dem Umfange vertheilte Stifte,
bei gläsernen Maaßen durch zwei einander gegenüberliegende Strichmarken, welche an der äußeren Fläche der Glaswand angebracht sind, und deren jede sich mindestens auf $1/6$ des Umfanges erstreckt.

Bei allen Begrenzungen durch Stifte soll der untere Rand der letzteren maßgebend, demgemäß ihr Ende nach unten zugeschärft sein.

5. Metallene Maaße, bei denen der Rand den Maaßraum begrenzt, sollen außen am Rande verstärkt sein. Bei Blechmaaßen darf dies durch aufgelöthete Bunde, auch durch solche aus Zinkblech oder durch einen in den umgebogenen Rand eingelegten Draht geschehen.

6. Randmaaße sollen die Auflegung einer Glasplatte behufs Prüfung der Füllung gestatten.

7. Ausgüsse, deren Fassungsraum einen Theil des Maaßes bildet, sollen bei metallenen Maaßen in derselben Art wie der Rand verstärkt sein.

8. Bei Blechmaaßen, welche nicht aus einem Stück getrieben oder nicht mittelst Hartlöthung hergestellt sind, soll der Boden mit einem umgebogenen Rande versehen sein, welcher entweder die Wandfläche von außen umschließt oder nach unten gekehrt an diese sich von innen anschließt; in beiden Fällen ist er mit ihr zu verlöthen.

9. Der Boden ist bei metallenen Maaßen in ebener Fläche herzustellen und bei metallenen Maaßen von mehr als $2\,l$ durch einen außen aufgelötheten Steg zu verstärken. Die äußere Boden- bezw. die untere Randfläche jedes Maaßes soll so beschaffen sein, daß das Maaß fest aufgestellt werden kann; sie soll mit der oberen Begrenzungsebene parallel sein.

10. Stifte, welche außen mit einem Kopf versehen sind, sollen eingenietet oder eingelöthet, in beiden Fällen aber außen mit einem Zinntropfen für den Stempel versehen sein.

Flüssigkeitsmaaße u. s. w.

11. Auf Zinnmaaßen soll Name und Wohnort des Verfertigers angegeben sein.

12. Die Wandflächen gläserner Maaße sollen an den Stellen, an welchen die Stempelung erfolgt, deutliche Aetzung gestatten.

§. 12.

1. Die Stempelung erfolgt bei metallenen Maaßen, bei welchen der Spiegel der Füllung mit dem Rande in einer Ebene liegt, durch Aufschlagen zweier auf oder dicht unter dem Rande einander gegenüberliegender Stempel, bei metallenen Maaßen mit Abflußöffnungen oder mit Stiften in entsprechender Weise dicht unterhalb jeder solchen Oeffnung bezw. auf dem für jeden Stift vorhandenen Zinntropfen. Wenn eine dieser Stempelungen nicht ausführbar ist, so darf dieselbe auf dem Kopfe eines Kupfer- oder Messingnietes, auf einem schwalbenschwanzförmig eingesetzten Kupfer- oder Messingplättchen, auf einem Zinntropfen oder auf einer mit Zinn ausgegossenen Höhlung erfolgen. *(Stempelung.)*

2. Bei gläsernen Maaßen erfolgt die Stempelung durch Aetzung, und zwar bei Randmaaßen an zwei einander gegenüberliegenden Stellen dicht unter dem Rande, bei Strichmaaßen dicht unter jeder Strichmarke.

3. Bei Blechmaaßen, welche nicht aus einem Stück getrieben oder nicht mittelst Hartlöthung hergestellt sind, ist die an der Wand herablaufende Löthfuge auf einem Zinntropfen an derjenigen Stelle zu stempeln, wo sie auf den umgebogenen Rand des Bodens trifft. Bei einem von innen sich an die Wandfläche anschließenden Boden ist dieser Stempel an der Innenwand und ihm gegenüber noch ein zweiter, Wand und Boden treffender Stempel anzubringen.

4. Bei Verstärkung des Randes durch einen Bund soll die Löthnaht des letzteren so gelegt sein, daß sie von einem der beiden Stempel am Rande des Maaßes mitgetroffen wird.

5. Bei Maaßen von 5 *l* und mehr, welche aus gelötheten Theilen bestehen, sind außerdem auf den Löthfugen Zinntropfen anzubringen und zu stempeln.

6. Zinnerne Maaße sind noch auf der äußeren Bodenfläche zu stempeln.

B. Meßwerkzeuge für Flüssigkeiten.

§. 13.

Arten. Zugelassen sind solche Meßwerkzeuge, welche mindestens zwei Maaßgrößen aus einer der beiden folgenden Reihen enthalten:

2, 1, 0,5, 0,2, 0,1, 0,05, 0,02, 0,01 l,
2, 1, ½, ¼ l.

Zwischen den gewählten Grenzwerthen darf keine zulässige Zwischenstufe fehlen.

Bei Dezimaleintheilung dürfen Meßwerkzeuge, in Größen von 1 l abwärts auch Abstufungen von je 0,1 l, in Größen von 0,1 l abwärts Abstufungen von je 0,01 oder je 0,001 l haben.

§. 14.

Beschaffenheit. 1. Als Material ist nur durchsichtiges Glas zulässig.

2. Die Meßwerkzeuge sind in cylindrischer oder in konischer, nach unten verjüngter Gestalt mit einem Ablaßhahn auszuführen. Sie dürfen bis zur Hälfte des Umfanges mit Schutzhüllen aus Blech u. dergl. umgeben sein.

3. Dezimaleintheilungen nach §. 13 Abs. 2 dürfen nur zwischen Flüssigkeitsständen liegen, zwischen denen das Gefäß sich nicht verjüngt.

4. Die Strichmarken dürfen nur an Stellen liegen, an welchen der Aenderung des Flüssigkeitsstandes um 1 cm Zu- oder Abflüsse von höchstens folgendem Raumgehalt entsprechen:

bei 2, 1 und 0,5 l 50 ccm
 = 0,2 = 0,1 l 20 =
 =   0,05 l 10 =
 = 0,02 und 0,01 l 5 =
 =   ¼ l 20 = .

Der lothrechte Abstand der Marken von einander soll mindestens sein:

zwischen 2   und 1 l 20 cm
 =   1   = 0,5 und 0,2 l 10 =
 =   0,2 = 0,1 l 5 =
 =   0,1 = 0,05 und 0,02 l 4 =

Flüssigkeitsmaaße u. s. w.

zwischen 0,02 und 0,01 *l* 2 cm
= 0 = 0,001 und 0,002 *l* ꝛc. 5 mm
= ½ = ¼ *l*   9 cm.

5. Strichmarken sollen aufgeätzt, eingeschliffen oder in anderer Weise dauerhaft angebracht, keinesfalls nur aufgemalt sein.

6. Strichmarken sollen mindestens ¼ der Glaswand umfassen, in ihrer ganzen Länge sichtbar sein und in Ebenen liegen, welche mit der Achse des Meßgefäßes einen rechten Winkel bilden. Die lothrechte Lage der Achse soll, wenn der äußere Durchmesser des Gefäßes an irgend einer Stelle 30 mm übersteigt, durch ein Pendel gesichert sein, dessen Einrichtung, nachdem seine Verbindung mit dem Meßgefäß gestempelt ist, nachträgliche Veränderungen erschwert.

7. Die Einrichtung der Meßwerkzeuge soll derart sein, daß sie bis zu einer Marke gefüllt und mittelst eines Hahnes jedes Mal vollständig entleert werden. Bei Meßwerkzeugen, welche bis zu 0,01 *l* oder noch weiter abwärts Angaben enthalten, darf die Einrichtung derart sein, daß die Flüssigkeit bloß bis zu einer Nullmarke abgelassen wird. Die Einrichtung dieser Marke soll derjenigen der andern Marken entsprechen, doch soll in ihrer Nähe ein Zu= oder Abfluß von höchstens 0,001 *l* den Flüssigkeitsspiegel um 5 mm ändern.

8. Die Unveränderlichkeit der Meßräume sowie der Marken soll durch die Einrichtung selbst gesichert sein oder durch Stempelung so gesichert werden können, daß Verfälschungen sich nicht leicht und schnell ausführen lassen.

Ein fester Verschluß braucht nur dann durch die Einrichtung oder durch Stempelung gesichert zu sein, wenn die Verschlußeinrichtung mit einem Zuflußrohr, welches einen Theil des Meßraumes einnimmt, fest verbunden ist.

§. 15.

Marken für die im §. 13 Abs. 1 zugelassenen Maaßgrößen sollen mit der zugehörigen Zahl unter Hinzufügung von Liter oder *l* auf der Glasfläche deutlich bezeichnet sein.

Bezeichnung und Stempelung.

Theilungen nach §. 13 Abs. 2 in 0,1 und 0,01 *l* sollen keine Bezeichnung empfangen. Theilungen in 0,001 *l* dürfen dagegen beziffert und nach Kubikcentimeter mit ccm bezeichnet sein.

Die Stempelung erfolgt durch Aetzung auf der Glasfläche dicht an den Ablesungsmarken. Die mit Liter-Angabe versehenen Marken erhalten je einen Stempel.

Boden, Nullmarke und Abflußeinrichtung, auch die Zuflußeinrichtung, wenn diese einen Theil des Meßraumes einnimmt, sowie Pendel und dessen Einstellungsmarke sind durch Stempelung zu sichern.

C. Meßflaschen.

§. 16.

Maaßgrößen. Zugelassen sind Meßflaschen von 1 und 0,5 Liter.

§. 17.

Beschaffenheit. Meßflaschen sollen aus Glas, welches in der Höhe der Füllung durchsichtig ist, in Flaschengestalt mit einem cylindrischen Halse von höchstens 40 mm innerem Durchmesser ausgeführt und an ersichtlicher Stelle mit 1 l bezw. 0,5 l oder $^1/_2$ l bezeichnet sein.

Die Begrenzung des Raumgehalts erfolgt auf dem Halse durch einen unveränderlichen Strich, welcher mindestens $^1/_2$ des Umfangs umfaßt, oder durch zwei in einer Ebene einander gegenüberliegende Striche, deren jeder mindestens $^1/_6$ des Umfangs umfaßt.

§. 18.

Stempelung. Die Stempelung erfolgt durch Aetzung dicht unter einem Füllungsstrich.

Instruktion.

A. Flüssigkeitsmaaße.

Uebergangsbestimmungen. Zur Nachaichung sind bis zum 31. Dezember 1896 noch zugelassen:

a. Maaße, welche außer mit „Liter" mit „Kanne" oder „Schoppen" bezeichnet sind.

b. Maaße mit der Bezeichnung L.

c. Maaße von mehr als 2 l ohne Steg auf dem Boden.

Im Verkehr sind bis auf Weiteres noch zulässig:
a. Maaße von 0,2, 0,1, 0,05 und 0,02 l in Gestalt eines Kegels kreisförmigen Querschnitts, wenn der Durchmesser am Boden das $1\frac{1}{2}$ fache des Durchmessers am Rande ist;
b. Blechmaaße mit unvollständiger Stempelung auf den Löthfugen, sofern damit nicht andere Mängel zusammenhängen.

---

1. Flüssigkeitsmaaße aus Messing, Bronze oder Kupfer, deren Aussehen auf eine unzureichende Verzinnung schließen läßt, sind zurückzuweisen. *Beschaffenheit.*

Bei Maaßen aus vernickeltem oder mit Nickel plattirtem Stahl- oder Eisenblech soll die ganze Fläche von dem Ueberzuge gleichmäßig bedeckt sein und Spuren von Abblätterung u. dergl. nicht erkennen lassen.

Nach gesetzlicher Vorschrift dürfen Zinnlegirungen nicht mehr als $\frac{1}{10}$ Blei enthalten. Die Untersuchung der Zinnmaaße auf die Legirung liegt den Aichämtern nicht ob.

2. Zurückzuweisen sind Maaße, bei denen Bedenken gegen die hinreichende Stärke des Bleches entstehen, besonders solche, bei denen der als Bund angelöthete Blechstreifen nicht wesentlich stärker ist als die Blechwand selbst; ferner Maaße, bei denen der obere Rand des Bundes und des Maaßes nicht in einer Ebene liegt. Die Verstärkung des Randes darf bei Blechmaaßen in Form eines hohlen Bundes ausgeführt sein, sofern trotz der Stempelung der obere Rand in einer Ebene liegen bleibt. *Blechstärke.*

Die gelötheten Theile der Blechmaaße sollen keinerlei Fuge oder lothfreie Stelle erkennen lassen.

3. Zur Prüfung der Durchmesser der Maaße sind Lehren anzuwenden, welche den größten, den normalen und den kleinsten Durchmesser darstellen. *Form der Maaße.*

4. Das Maaß wird auf eine waagerecht gerichtete ebene Platte gestellt und bis zu seinen Füllungsgrenzen mit Wasser gefüllt. Fallen hierbei die Grenzen nicht sämmtlich mit dem Wasserspiegel zusammen, so ist entweder die Füllungsebene nicht parallel mit der unteren Be- *Begrenzungsebene.*

grenzungsebene oder die Begrenzungen der Füllung liegen nicht sämmt=
lich in einer Ebene. Ob Letzteres stattfindet, ergiebt schon der Ver=
lauf des Wasserspiegels gegen die Marken; bei Randmaaßen kann
dies auch ohne Wasserfüllung durch Auflegung einer ebenen Glas=
platte erkannt werden.

Ungenügende Maaße sind zurückzugeben, wenn nicht in ersterem
Falle durch eine geringe Abänderung des Fußrandes, in letzterem
Falle bei Randmaaßen durch ein geringes Nachschleifen am Rande,
bei Maaßen mit Stiften oder Abflußöffnungen durch entsprechende
kleine Veränderungen die Mängel beseitigt werden können. Unvoll=
kommene gläserne Maaße sind ohne Weiteres zurückzugeben.

*Füllungs=
verfahren.*
5. Bei Prüfung des Raumgehalts durch Wasserfüllung sind
Luftbläschen, die an den Gefäßwänden hängen bleiben, durch Klopfen
oder Abstreichen zu beseitigen. Außerdem ist bei allen Umfüllungen
aus einem Gefäß in ein anderes darauf zu sehen, daß letzteres ge=
hörig genäßt sei.

Das Austropfenlassen soll bei der Entleerung des nur zur
Nässung eingefüllten Wassers aus dem Maaße und bei dem
Uebergießen der Wasserfüllung aus dem Normal in das Maaß
nach Art und Dauer möglichst gleichmäßig sein. Gläserne Gefäße
läßt man etwas länger austropfen als metallene. Auch die Hülfs=
mittel, welche bei dem Umgießen zur Anwendung kommen, Trichter,
Pipetten u. dergl., sind gehörig zu nässen.

*Prüfung
mittelst
der
Normale.*
6. Das waagerecht aufgestellte Normal wird so mit Wasser
gefüllt, daß nach Aufschiebung der benetzten Glasplatte unter letzterer
keine Luftblase verbleibt. Nach sorgfältigem Abwischen des äußerlich
an der Glasplatte und an dem Rande des Normals haftenden
Wassers wird der Inhalt unter allmäliger Zurückschiebung der
Glasplatte in das waagerecht aufgestellte Maaß übergegossen.

Ist diese Wasserfüllung nicht ausreichend, das Maaß bis zu
dessen Grenze zu füllen, so bleibt zu untersuchen, welcher Zufüllung
es noch bedarf.

Bei Randmaaßen wird zu dem Behuf zunächst die bei der
Füllung des Normals benutzte Glasplatte vorsichtig aufgeschoben,
wobei man dem Ueberlaufen des Wassers durch leichtes Anfetten

Flüssigkeitsmaaße u. s. w.

des Randes entgegenwirken kann. Das Erscheinen einer Luftblase bestätigt, daß die Füllung noch eines Zuschusses bedarf.

Zur Bestimmung dieses Zuschusses dienen die Büretten. An den Büretten befindet sich, außer einer fortlaufenden Eintheilung, für jede aichfähige Maaßgröße eine Angabe, welche, vom Nullpunkt der Skale an gerechnet, ersehen läßt, wie groß die Nachfüllung höchstens sein darf. Läßt man aus der Bürette dem Maaße kleine Wassermengen so lange zufließen, bis eine Luftblase sich nicht mehr zeigt, und bleiben diese Wassermengen innerhalb der an der Bürette angegebenen Fehlergrenze, so genügt das Maaß. Im entgegengesetzten Falle ist es durch Bearbeitung der oberen Begrenzung zu verkleinern oder, falls dies nicht ausführbar ist, zurückzugeben.

Bei anderen als Randmaaßen dienen die Büretten ohne Weiteres zur Bestimmung der Nachfüllung.

Bei den von Abflußöffnungen begrenzten Maaßen wird die vollständige Füllung an dem gleichzeitigen Beginn des Abflusses aus sämmtlichen Oeffnungen, bei Maaßen mit Stiftbegrenzung an dem Zusammenfallen des Wasserspiegels mit dem unteren Rande des abgeschrägten Endes der Stifte erkannt.

Bei gläsernen Maaßen mit Strichbegrenzung wird die richtige Füllung unter Beachtung der Vorschriften unter Nr. 16 festgestellt.

Wenn sich bei dem Uebergießen der Wasserfüllung des Normals in das Maaß ergiebt, daß die genaue Füllung, für welche die letzten Zuflüsse mittelst einer Pipette dem Normal entnommen werden, schon erreicht wird, bevor das Normal geleert ist, so wird der Rückstand aus dem Normal in eine Bürette gegossen, um zu beurtheilen, ob die Fehlergrenze eingehalten ist.

7. Das Maaß wird mit Beachtung der Vorschriften unter Nr. 4 bis 6 gefüllt und die Füllung in den vorher genäßten Aichkolben übergegossen. Die richtige Füllung des Aichkolbens wird durch einen um dessen Hals gezogenen Strich begrenzt, welcher in eine der Fuß= ebene des Aichkolbens parallele Ebene fällt. Ueber und unter diesem Füllungsstrich befindet sich ein nahezu um den halben Umfang des Halses gezogener Strich, dessen Abstand von dem Füllungsstrich den Aichfehler angiebt. In weiterem Abstande befindet sich auf beiden

Prüfung mittelst Aich= kolben.

Seiten des Füllungsstriches ein kürzerer Strich, dessen Abstand von dem Füllungsstrich den Verkehrsfehler angiebt.

Prüfung großerer Maaße.

8. Bei den Maaßen von 5 *l* ist die Anwendung eines gläsernen Aichkolbens zu 5 *l* der wiederholten Füllung kleinerer Normale oder Aichkolben vorzuziehen. Bei Maaßen von 10 und 20 *l* soll die Anwendung eines Aichkolbens zu 5 *l* jedenfalls die Regel bilden.

Der Fehler eines Maaßes von 10 *l* wird mit der Bürette, eines Maaßes von 20 *l* mit der Bürette oder mit dem Aichkolben zu 0,05 *l* bestimmt.

Prüfung durch Wasserwägung

9. Das außen und innen völlig getrocknete Maaß wird, erforderlichenfalls mit einer ebenfalls sorgfältig getrockneten Glasplatte bedeckt, unter Hinzufügung eines Gewichtsbetrages von ebenso viel Kilogramm, als das Maaß Liter enthalten soll, auf eine Waagschale gesetzt und die Waage zum Einspielen gebracht. Alsdann wird das Maaß nebst den Gewichten abgenommen, mit Wasser gefüllt und nach sorgfältiger äußerer Abtrocknung, erforderlichenfalls auch der Glasplatte, auf dieselbe Schale gesetzt. Hiernach wird die Gewichtszulage ermittelt, welche auf der Maaß- oder auf der Taraseite die Waage zum Einspielen bringt. Ist dies geschehen, so wird dasselbe Verfahren auf das Normal angewandt. Je nachdem die bei dem Normal und die bei dem Maaße gefundene Zulage auf derselben Seite oder auf verschiedenen Seiten der Waage erforderlich war, ergiebt der Unterschied oder die Summe beider Zulagen in Gramm den Fehler des Maaßes in Kubikcentimeter, und zwar ist das Maaß größer als das Normal, wenn bei der Wägung des letzteren die Waage auf der Taraseite schwächer oder auf der anderen Seite stärker belastet werden mußte, als bei der Wägung des Maaßes.

Berichtigungen.

10. Zu Berichtigungen sind die Aichungsstellen verpflichtet, soweit es sich um die Herstellung eines ebenen Verlaufes der Ränder und Böden mittelst Befeilens handelt. Zu Berichtigungen des Raumgehalts mittelst Befeilens des oberen Randes sind sie nur bei Maaßen aus Zinn oder mit Abflußöffnungen verpflichtet. Berichtigungsarbeiten dürfen eine Aenderung der regelmäßigen Gestalt des Maaßes nicht herbeiführen. Aufbringung der Raumgehaltsbezeichnung ist den Aichungsstellen gestattet.

11. Ist der obere Rand des Maaßes für die vorgeschriebene Stempelung zu schmal, so erfolgt die letztere dicht unter dem Rand, auf Wandung oder Bund. Erscheint wegen der Abnehmbarkeit des Bundes der Rand hierdurch nicht gesichert, so ist einer der Stempel etwas tiefer, auf einen, Bund und Wandung treffenden, Zinntropfen zu setzen. Beide Stempel sind so anzubringen, wenn der Bund für die Stempelung überhaupt sich nicht eignet. Die Stempelung auf Plomben statt auf Zinntropfen ist unzulässig.

<small>Stempelung.</small>

Gläserne Maaße werden durch Aetzung gestempelt.

<small>Aetzung.</small>

Das Aetzen bedingt eine nicht zu trockene Luft; die Temperatur des Arbeitsraumes ist auf mindestens 20 Centigrad zu erhalten und die Feuchtigkeit der die Stempelflächen berührenden Luft durch geeignete Vorrichtungen möglichst zu steigern.

Das Aufbringen der Druckmasse auf den Stempel geschieht, indem man die auf eine Glasplatte gebrachte Druckmasse mit der Walze zu einer gleichmäßigen Schicht verreibt und den Stempel entweder auf die Schicht leicht aufsetzt oder mit der Walze überrollt. Sodann wird der Stempel auf die etwa mit Hülfe von Terpentin gereinigten und getrockneten Stellen übertragen.

Das Stempelbild wird mittelst eines Haarpinsels mit dem zu feinstem Pulver verriebenen Aetzsalz eingestäubt. Das im Ueberschuß aufgestäubte Aetzsalz entfernt man sofort mittelst eines zweiten Haarpinsels, überhaucht sodann die Stempelbilder, läßt das Maaß 5 Minuten stehen und überhaucht aufs Neue. Schließlich werden die Stempelbilder mit einem angefeuchteten Tuche überwischt.

Das Aetzpulver darf nicht auf andere als die zu stempelnden Flächenstücke aufgestäubt werden. Auch sind aus der Nähe des zerriebenen Aetzpulvers andere Glasgegenstände zu entfernen.

Das Aetzsalz ist sorgfältig vor Feuchtigkeit zu schützen und deshalb in gut verschlossenen Gefäßen aufzubewahren. Vor der Anwendung ist es bis zu starker Handwärme zu erwärmen und fein zu zerreiben. Eine zu zähe Druckmasse wird gelinde angewärmt.

B. Meßwerkzeuge für Flüssigkeiten.

Uebergangsbestimmungen. Zur Nachaichung sind bis zum 31. Dezember 1896 noch zugelassen:

a. Meßwerkzeuge aus Metall, bei welchen entweder in der Wandung ein Glasstreifen mit Eintheilungsmarken befestigt ist, oder mit dem Meßgefäße kommunizirende gläserne Röhren die Eintheilungsmarken enthalten, oder Abflußöffnungen in der Wandung mittelst Röhren und Hähne sowohl die Füllung bis zu einem gewissen Flüssigkeitsstande als auch, von diesem ausgehend, die Ablassung reguliren.

b. Meßwerkzeuge mit der Bezeichnung L.

Im Verkehr sind bis auf Weiteres noch zulässig Meßwerkzeuge mit deutlicher Siegellackstempelung, oder mit Stempelung auf Zinnloth, sowie überhaupt mit unvollständiger Stempelung, wenn diese die Angaben vor Abänderungen sichert, und wenn die Angabe der einzelnen Maaßgrößen nicht leicht veränderlich und von dem Meßgefäße nicht trennbar ist.

Gestalt der Gefäße. 14. Gefäßformen, welche aus cylindrischen und konischen Theilen bestehen, sind zulässig, wenn die konischen Theile sich nach unten verjüngen.

In unmittelbarer Nähe einer der zu prüfenden Maaßangaben sollen Erweiterungen des Meßgefäßes nicht bemerklich sein; der Verlauf der Flächen des Meßgefäßes soll überall, insbesondere aber in der Nähe der Strichmarken, stetig und gleichförmig sein.

Entspricht der vorgeschriebene Abstand der Strichmarken von einander demjenigen Abstand nicht, welcher sich aus der an den Strichmarken gestatteten Veränderung des Flüssigkeitsstandes ergiebt, so ist der größere Abstand maßgebend.

Gelöthete Theile sollen keinerlei Fuge oder lothfreie Stelle erkennen lassen.

Einrichtung der Gefäße. 15. Die Unveränderlichkeit der Lage sowohl des Aufhängungs- als auch des Einspielungspunktes des Pendels soll entweder durch die Einrichtung selbst (unmittelbare Befestigung an gläsernen Theilen des

Meßgefäßes) gesichert sein oder durch Stempelung der Löth- oder Kittfugen der zu dieser Befestigung dienenden metallenen Rahmen oder Ringe gesichert werden können. Letztere sollen so angebracht sein, daß das Meßgefäß nicht ohne Verletzung der Stempelung herausgenommen werden kann. Die zur Befestigung der Aufhängung und der Einspielungsmarke des Pendels dienenden Theile sollen gegen Verbiegungen ausreichenden Widerstand leisten oder doch Aenderungen der Form und Lage sofort erkennen lassen.

Die Unveränderlichkeit der Meßräume wird durch das Material der Meßgefäße sowie durch die Stempelung der Strichmarken gesichert. Diejenigen Stellen, an welchen die zur Entleerung und die zur Füllung dienenden Röhren und Hähne mit dem Meßgefäße verbunden sind, sollen so eingerichtet sein, daß eine Abänderung, welche die messenden Räume verfälscht, durch Stempelung verhütet werden kann. Ist diese Sicherheit gegeben, so sind Vorrichtungen, welche die Benutzung erleichtern, wie Ueberläufe behufs selbstthätiger Einstellung des Flüssigkeitsspiegels, seitliche Zuflußröhren, Dreiweghähne zum Absperren, Füllen und Entleeren u. dergl. zulässig.

16. Die Prüfung der Ablesungsmarken geschieht mittelst der Aichkolben.

Prüfung der Marken.

Alle Strichmarken für die zulässigen Raumgehaltsstufen sind durch eine jedesmalige vollständige, oder bei Meßwerkzeugen mit Nullpunkt bis zu diesem hinabgehende Entleerung in den Aichkolben zu prüfen.

Das Meßgefäß ist so zu stellen, daß das Pendel einspielt, wobei, wenn dasselbe keine metallene Umhüllung besitzt, festgestellt wird, ob beim Einspielen des Pendels auch die Achse des Meßgefäßes lothrecht ist. Ist das Meßgefäß theilweise umhüllt, so kann die lothrechte Einstellung durch Vergleichung des Verlaufes der Strichmarken mit dem Verlaufe des Wasserspiegels erfolgen. Zeigen sich hierbei erheblichere Abweichungen, so bedingt dies eine Aenderung des Pendels. Engere Meßgefäße ohne Pendel werden nach dem Augenmaaße lothrecht aufgestellt.

Die Prüfung beginnt mit dem Füllen des Meßgefäßes bis zu der kleinsten Maaßgröße. Man läßt die absichtlich etwas über die zu prüfende Strichmarke hinaus bewirkte Füllung so weit ab, daß der Wasserspiegel genau an der Marke steht.

Das Zusammenfallen einer bestimmten Begrenzungslinie des Wasserspiegels mit der Marke muß bis auf Bruchtheile des Millimeter festgestellt werden können. Deshalb sollen nicht nur die Beleuchtungsverhältnisse günstig, sondern auch die Marken deutlich und regelmäßig sein. Der Wasserspiegel berührt die Gefäßwand in Folge kapillarer Anziehung in einer erhöhten, ringförmigen Schicht; von dieser Schicht gilt die untere Begrenzungslinie als Grenze des Flüssigkeitsspiegels.

Bei Meßgefäßen ohne Umhüllung wird die Beleuchtung am günstigsten, wenn man das Gefäß gegen das Licht stellt und ein Papierblatt, dessen obere Hälfte geschwärzt ist, so hinter das Gefäß bringt, daß die waagerecht gehaltene untere Begrenzung der schwarzen Fläche dicht unterhalb des Wasserspiegels gesehen wird. Durch Ablassen des Wassers kann man alsdann bewirken, daß die Begrenzungslinie der Füllung mit der Marke bis auf Bruchtheile des Millimeter zusammenfällt. Hat die Marke eine merkliche Breite, welche aber 1 mm nicht übersteigen darf, so ist auf die untere Grenzlinie der Marke einzustellen.

Bei Meßgefäßen mit Umhüllung ist die Glaswand so nach dem Lichte zu wenden, daß sowohl die Begrenzungslinie des Wasserspiegels als auch die Marke deutlich erkennbar wird, wobei ebenfalls das vorgedachte Papierblatt dienlich ist.

Bei den Einstellungen ist das Auge so zu halten, daß es sich nahe in der Ebene des Flüssigkeitsspiegels befindet, somit diesen als Linie sieht.

Nachdem die Einstellung des Füssigkeitsspiegels auf die Marke erfolgt ist, entleert man die Füllung in den vorher genäßten Aichkolben. Am letzteren zeigt sich, ob die Angabe an dem Meßgefäß in den durch die Aichfehlerstriche angegebenen Grenzen bleibt.

Fortlaufende Theilungen. 17. Die Prüfung einer fortlaufenden dezimalen Theilung geschieht für die Abstufungen nach Zehntheilen des Liter mit dem Aichkolben zu 0,1 l, für die Abstufungen nach Hunderttheilen mit dem Aichkolben zu 0,01 l und für die Abstufungen nach Tausendtheilen mit Hülfe der auf den Büretten enthaltenen Theilungen in Kubikcentimeter.

Wenn Abstufungen zu 0,1 *l* von 1 *l* abwärts geprüft werden sollen, so ist zunächst die Richtigkeit der Ablesungsmarken zu 1, 0,5, 0,2 und 0,1 *l* zu prüfen. Das Meßgefäß wird sodann genau bis zu der Marke für 1 *l* gefüllt und hierauf bis zu der Marke 0,9 in den vorher genäßten Aichkolben entleert, um festzustellen, um welchen Betrag die Füllung des Aichkolbens von dem Normalstriche abweicht. Hierauf wird nach Entleerung des Aichkolbens der Inhalt des Meßgefäßes von 0,9 bis 0,8 *l* in den Aichkolben übergefüllt und wiederum aufgezeichnet, um wieviel die Füllung von der richtigen Füllung abweicht u. s. w.

Dieses Verfahren wird bis einschließlich zu der Strichmarke für 0,5 *l* fortgesetzt. Von letzterer abwärts und bei 0,2 *l* abschließend werden die Marken für 0,4 und 0,3 *l* ebenso untersucht.

Die so mit Kontroleinstellung auf 0,5 und 0,2 *l* geprüften Marken sind richtig, wenn einschließlich des Ueberganges von 0,6 auf 0,5 *l* und von 0,3 auf 0,2 *l* bei keiner der Füllungen des Aichkolbens ein Fehler beobachtet ist, welcher den Abstand des Normalstriches von einem der beiden Aichfehlerstriche übersteigt, und wenn zugleich in keinem Falle bei zwei auf einander folgenden Füllungen Fehler beobachtet sind, welche sich beide im Mehr oder beide im Minder der Fehlergrenze nähern.

Nur dann, wenn die Fehler der Marken für die, eine fortlaufende Eintheilung einschließenden, unabhängig geprüften Maaßgrößen sich in demselben Sinne der Fehlergrenze nähern, wird die Prüfung jeder einzelnen Marke für sich auszuführen sein.

Die Prüfung einer Theilung in Hunderttheile des Liter ist dem Obigen entsprechend.

Eintheilungen in Kubikcentimeter prüft man an dem Ansteigen des Wasserspiegels, welches durch die von Strich zu Strich fortschreitende Ablassung der Füllung aus dem Meßgefäß in die Bürette bewirkt wird. Die an den einzelnen Theilstrichen der Bürette beobachteten Abweichungen dürfen 0,1 ccm nicht übersteigen.

Bei allen Prüfungen ist zu beachten, daß die Ablesung an den

Marken nicht zu schnell auf die Ablassung des Wassers folgt, vielmehr einige Zeit für den Nachfluß der an den Wänden hängenden Rückstände belassen wird. Bei dem Ablassen des Wassers soll man auch das Meßgefäß so lange abtropfen lassen, als es bei dessen Gebrauch zu geschehen pflegt.

Kommen häufiger Meßgefäße mit Theilungen in 0,1 oder 0,01 *l* vor, so wird man zu deren Prüfung statt der Aichkolben mit Vortheil kubizirte Normalmeßgefäße aus Glas anwenden, welche, mit den entsprechenden Theilungen versehen, eine unmittelbare Vergleichung in derselben Weise ermöglichen, wie für die Theilungen in Kubikcentimeter die Büretten.

Berichtigung und Stempelung.

18. Berichtigungen der Meßwerkzeuge sind ausgeschlossen.

Die Stempelung der Ablesungsmarken erfolgt durch Aetzung nach dem Verfahren unter Nr. 11. Zufluß- oder Abflußeinrichtungen werden, falls die Rohrstücke und Hähne aus Metall bestehen, auf den Löth- oder Kittfugen mittelst Zinntropfen gestempelt; durch eine gleiche Stempelung ist das Pendel in dem Aufhängungs- und Einspielungspunkte zu sichern. Die Stempelung läßt sich vereinfachen, wenn ein seitlich an der Schutzhülle entlang geführtes Metallband die Zufluß- und Abflußeinrichtung mit einander verbindet.

Bestehen die Rohrstücke der Zuflußeinrichtung aus Glas, so wird an deren Verbindungsstelle mit der Gefäßwand ein Stempel aufgeätzt. Die Stempelung gläserner Hähne unterbleibt.

C. Meßflaschen.

Prüfung.

20. Zu der äußeren Prüfung genügt die Besichtigung. Auch behufs Kontrole des inneren Durchmessers des Halses wird nur in zweifelhaften Fällen eine Millimetereintheilung anzulegen sein; es genügt, daß die zulässige Weite in der unmittelbaren Nähe des Füllungsstriches eingehalten ist.

Behufs der weiteren Prüfung, bei welcher die Vorschriften über Nässen und Abtropfen zu beachten sind, wird die lothrecht aufgestellte Meßflasche bis nahe unter die Marke mit Wasser gefüllt. Um die Begrenzungslinie des Flüssigkeitsspiegels mit der Marke oder, wenn letztere merklich breit ist, mit deren unterer Grenzlinie zur Deckung

Flüssigkeitsmaaße u. s. w.

zu bringen, benutzt man Pipetten. Da bei einem inneren Durchmesser von nicht mehr als 40 mm der zulässige Fehler von 2,5 ccm einem Unterschiede des Wasserstandes von 2 mm und mehr entspricht, so lassen sich die Begrenzungslinien des Flüssigkeitsspiegels und der Strichmarke bis auf Zehntel des Millimeter nähern. Flüssigkeitsrand und Strich sollen sich in ihrem ganzen Verlauf decken.

Ist die Marke vorschriftsmäßig, so wird die Füllung in den Aichkolben übergegossen. An dessen Aichfehlerstrichen ergiebt sich, ob eine Abweichung innerhalb der Fehlergrenze bleibt.

Berichtigungen sind ausgeschlossen.

21. Die Stempelung erfolgt dicht unter dem Strich durch Aetzung; Stempelung. ist der Raumgehalt durch einander gegenüberliegende Striche begrenzt, auf der Seite, auf welcher sich die Bezeichnung befindet.

Aichgebühren-Taxe.

	A. Aichung Pf.	B. Berichtigung Pf.	C. bloße Prüfung Pf.
A. Flüssigkeitsmaaße.			
20 *l*	100	30	50
10 *l*	60	20	30
5 *l*	40	15	20
2 und 1 *l*	30	10	15
½ *l*	20	5	10
kleinere	10	5	5
Für eine Raumgehaltsbezeichnung . .	20	—	—
B. Meßwerkzeuge.			
Für jede vollbezeichnete Maaßgröße .	10	—	10
Für jede Zwischeneintheilung in Zehntel, Hundertstel oder Tausendstel . . .	20	—	20
Außerdem für jedes Meßwerkzeug . .	30	—	—
C. Meßflaschen . . .	20	—	10

Für Fehlergläser gelten die Sätze der Meßwerkzeuge.

III. Vorschriften für Fässer.

Aichordnung.

§. 19.

Nur solche Fässer sind zulässig, deren Haltbarkeit und sonstige Beschaffenheit zu Bedenken keinen Anlaß giebt.

§. 20.

Der Raumgehalt ist nach Liter mit der Bezeichnung l, die Tara nach Kilogramm mit der Bezeichnung kg und unter Vorsetzung von N T (Nasse Tara), wenn die Tarabestimmung nach innerer Nässung des Fasses erfolgt, oder von T T (Trockene Tara), wenn die Tarabestimmung ohne Nässung erfolgt, anzugeben. Bei hölzernen Fässern geschieht dies durch Einbrennen auf dem Boden; nur bei kleineren hölzernen Fässern ist das Einbrennen auf dem Umfange an solchen Stellen zulässig, an welchen die Angaben vor Beschädigungen beim Transport u. s. w. gesichert erscheinen. Bei Fässern aus Metall sind die Angaben auf einer aufgelötheten oder aufgenieteten Metallplatte aufzuschlagen, welche so angebracht ist, daß die Bezeichnungen beim Transport u. s. w. keine Beschädigungen erleiden können. Die Verbindung der Platte mit dem Fasse ist durch Stempelung zu sichern.

Die Angabe des Raumgehalts wird bei Fässern unter 300 l auf Zehntel des Liter, bei größeren Fässern auf ganze Liter, die Angabe der Tara auf Zehntel des Kilogramm abgerundet.

Außer dem Stempel wird die Jahreszahl, auf Verlangen auch die Nummer des Aichregisters aufgebracht.

Der Stempel ist zwischen die Jahreszahl und die Angabe des Raumgehalts oder der Tara zu setzen.

Instruktion.

A. Bestimmung des Raumgehalts.

1. Undichte Stellen, bei metallenen Fässern außerdem gröbere Unregelmäßigkeiten im Verlauf der Wände (ausgedehnte Beulen u. dergl.), haben die Zurückweisung zur Folge. *Beschaffenheit.*

2. Bei jedem hölzernen Fasse ist zunächst durch vollständige Füllung oder wenigstens durch andauernde Benetzung der inneren Wandung zu bewirken, daß eine genügende Wassermenge in die inneren Wandflächen aufgesogen wird und erhebliche Wasseraufsaugungen während der Aichung nicht mehr zu befürchten sind. Die Aichung ist unzulässig, so lange ein Faß ungewöhnliche äußere Nässung zeigt. *Nässung.*

3. Die Raumgehaltsbestimmung erfolgt durch Füllung mit Wasser. Der Raumgehalt der Wasserfüllung ist mit kubizirten Meßgefäßen oder durch Wägung zu ermitteln.

4. Am vortheilhaftesten geschieht die Raumgehaltsbestimmung mit kubizirten Meßgefäßen, deren größere Kubizir=Apparate heißen. *Meßgefäße.*

Bei kleineren Fässern dürfen metallene Maaße von der Genauigkeit der Gebrauchsnormale für Hohlmaaße zu trockenen Gegenständen benutzt werden. Hierbei sind nicht nur mehrere abgestufte Maaßgrößen, sondern, um beliebige Zwischenstufen zu messen, auch kleinere gläserne Meßgefäße mit fortlaufender Eintheilung nach Art der Meßwerkzeuge für Flüssigkeiten erforderlich.

Zweckmäßiger als metallene Maaße sind metallene Aichkolben, aus denen die Wasserfüllung durch Rohr und Hahn in das Faß abgelassen und deren Füllung an Ablesungseinrichtungen, z. B. durch eine angesetzte Glasröhre bemessen wird. Solche Aichkolben bedürfen aber ebenfalls der Ergänzung durch kleinere Maaße oder kubizirte Meßgefäße.

5. Bei Kubizir=Apparaten soll der Querschnitt der Meßgefäße an keiner Stelle so groß sein, daß kleine Fehler in der Ablesung *Kubizir-Apparate.*

der Wasserstandshöhe unzulässig große Fehler der Raumgehaltsangabe bedingen könnten. Daher sind für die verschiedenen Faßgrößen 2 bis 3 Kubizir=Apparate erforderlich, und zwar zur Aichung der Fässer von 120 *l* oder weniger ein Apparat, bei welchem der innere Durch= messer des Meßgefäßes 35 cm nicht übersteigt, bei Fässern von 120 bis 500 *l* ein zweiter Apparat, dessen Meßgefäß einen inneren Durch= messer von 70 cm hat. Um noch größere Fässer mit einmaliger Entleerung eines Kubizir=Apparates zu aichen, wird man dem letzteren Apparat eine etwas größere Höhe geben, oder einen dritten Apparat benutzen, dessen innerer Durchmesser etwa 100 cm beträgt. Von diesen Abmessungen sind Abweichungen zulässig, sobald nur Unter= schiede, welche der Fehlergrenze entsprechen, sich nirgends in Wasser= standsveränderungen von weniger als 1 mm darstellen.

Die früheren Kubizir=Apparate I, II, III bleiben zulässig.

Die cylindrisch herzustellenden Meßgefäße der Kubizir=Apparate dürfen aus emaillirtem Gußeisen, Kupferblech, verzinntem Eisenblech oder Zinkblech bestehen. Der zur Mitte hin sich vertiefende Boden wird auf eine dicht anschließende hölzerne Unterlage gestellt; von der Mitte des Bodens geht das mit Hahn versehene Ablaßrohr aus. Zweckmäßig hält man im Aichungsraum einen größeren Behälter, in welchem das Wasser die Temperatur des Raumes annimmt und von den aus den Zuleitungen herrührenden größeren Luftbeimengungen frei wird; aus diesem Behälter füllt man den Kubizir=Apparat.

Der Wasserstand in den Kubizir=Apparaten wird an einem kommunizirenden gläsernen Rohre oder mittelst eines Schwimmers abgelesen. Bei Einrichtungen ersterer Art ist das gläserne Rohr entweder auf der Glaswand mit einer Eintheilung nach Liter, oder mit einer ebenso eingetheilten Metallskale versehen, an welcher sich Zeiger verschieben lassen, mittelst deren der Wasserstand im Glasrohr auf die Skale übertragen wird.

Die Messung mittelst eines Schwimmers geschieht am zweck= mäßigsten so, daß der Schwimmer beim Hinabsinken durch einen über Führungsrollen gelegten Draht eine Rolle und eine auf deren Achse sitzende Scheibe dreht, an deren Eintheilung in Liter die Menge des ausgeflossenen Wassers abgelesen wird.

6. Der Kubizir-Apparat wird bis über den Nullpunkt der Ablesungseinrichtung gefüllt. Hierbei ist jede zu große Geschwindigkeit wegen der damit verbundenen stärkeren Luftbeimengung zu vermeiden. Nach der Füllung wird einige Zeit zur Verminderung der geringeren Luftbeimengungen gewartet und das Aufsteigen der an den Wänden haftenden Luftblasen durch Klopfen befördert. Alsdann wird die lothrechte Stellung des Apparates mit Hülfe eines Pendelzeigers u. dergl. kontrolirt. Endlich läßt man so viel Wasser abfließen, bis die Ablesungseinrichtung an dem Nullpunkt einsteht. Bei Kubizir-Apparaten mit Schwimmer und Rollen soll man, wenn man über den Nullpunkt hinausgekommen ist, nicht durch Zuführung kleiner Wassermengen eine rückgängige Bewegung der Rollen bis zum Nullpunkt bewirken, sondern eine größere Wassermenge hinzufüllen, um zunächst rückwärts erheblich über den Nullpunkt hinaus zu gelangen und alsdann die Nullpunktseinstellung wieder bei sinkendem Schwimmer zu erreichen.

<small>Prüfung mit Kubizir-Apparat.</small>

Vor dem Ablassen des Wassers aus dem Kubizir-Apparate überzeugt man sich davon, daß das Faß leer ist; alsdann wird dasselbe bis zur Spundöffnung gefüllt.

Bei allen Füllungen aus kubizirten Gefäßen ist der Wasserzufluß gegen den Schluß zu verlangsamen oder kurz vor der vollständigen Füllung die Zuführung der letzten Wassermenge durch kleine kubizirte Gefäße zu bewirken. Hierbei können in Zehntel getheilte Fehlergläser für 1 *l* Raumgehalt Anwendung finden.

7. Die Bestimmung des Raumgehalts darf unter Genehmigung der Aufsichtsbehörde auch durch Wägung des Füllwassers mit einer Dezimal-Brückenwaage ausgeführt werden.

<small>Prüfung durch Wägung.</small>

Das Faß wird in solchen Fällen vollständig gefüllt und außen abgetrocknet auf die Waage gebracht. Von dem Bruttogewicht ist das Gewicht des Faßkörpers (die nasse Tara) in Abrechnung zu bringen. Hierzu wird, nachdem die Temperatur des Füllwassers ermittelt ist, das Faß entleert und, nachdem es aufs Neue außen abgetrocknet ist, auf derselben Waage gewogen. Aus dem Nettogewichte der Wasserfüllung ergiebt sich der Raumgehalt des Fasses mit Berücksichtigung der Temperatur des Füllwassers gemäß der der Instruktion beigefügten Tafel IV.

Soll außer dem Raumgehalt auch die Tara angegeben werden, so ist das Faß bereits mehrere Stunden vor der Wägung zu füllen.

*Faß=
ähnliche
Gefäße.*

8. Fischtransportgefäße sind, wenn sie zwanglos als Fässer betrachtet werden können, zur Aichung nach den für Fässer geltenden Vorschriften zuzulassen. Bei der Raumgehaltsbestimmung genügt es, die Füllung bis zu den in der Richtung der Längenachse verlaufenden unteren Kanten der Verschlußöffnung bei einer der Einrichtung der Gefäße entsprechenden Auflagerung zu bewirken.

Zurückzuweisen sind Transportgefäße, welche nach ihren Gestaltverhältnissen zu den Fässern gerechnet werden könnten, deren Füllungs- und Verschluß-Einrichtungen indeß besondere Sicherungen durch zusätzliche Stempelung erfordern und doch Veränderungen oder unsichere Begrenzungen des Raumgehalts nicht genügend ausschließen.

*Stempe=
lung.*

9. Sind Raumgehalt und Tara zugleich angegeben, so erfolgt die Stempelung zu jeder dieser Angaben.

Die bei Fässern von 300 l und mehr vorgeschriebene Abrundung der Raumgehaltsangabe erfolgt so, daß 0,5 l und darüber als ein volles Liter gilt, dagegen weniger als 0,5 l nicht gerechnet wird. Die bei Fässern unter 300 l vorgeschriebene Abrundung erfolgt so, daß 0,05 l und darüber als ein volles Zehntel gilt, weniger als 0,05 l aber nicht gerechnet wird. Die Zehntel sind als Dezimalbruch anzugeben.

Bei Fässern unter 300 l ist, sobald die Abrundung bloß ganze Liter ergiebt, die Stelle der Zehntel mit einer Null auszufüllen.

Die Stempelung der Fischtransportgefäße soll auf dem Umfange nahe der Verschlußöffnung ausgeführt werden.

10. Wenn eine ältere Raumgehaltsangabe mit dem durch neue Prüfung ermittelten Raumgehalt eines Fasses innerhalb der Aichfehlergrenze übereinstimmt und somit unverändert belassen oder mit erneuter Beglaubigung versehen werden darf, so ist bei der neuen Stempelung die ältere Jahreszahl und der ältere Aichungsstempel durch das Kassirungszeichen zu beseitigen.

Besser ist es, bei hölzernen Fässern nach Abhobeln des älteren

Stempels, bei metallenen Fässern nach Abnahme der Metallplatte, eine neue Stempelung auf der abgehobelten Fläche oder auf einer neuen Metallplatte auszuführen.

Keinesfalls darf die neue Stempelung auf Ersatz einzelner Theile der früheren Aufstempelung, z. B. der Jahreszahl oder einzelner Ziffern beschränkt werden.

B. Tarabestimmung.

11. Das Gewicht der Faßkörper soll ohne Rollbänder ermittelt werden; daher sind die Aichämter berechtigt, vor der Wägung die Entfernung dieser Bänder zu verlangen. Die Wiederanlegung der Rollbänder fällt den Betheiligten zur Last. Be=
schaffen=
heit.

Nur bei Fässern aus Wellblech sind fest angebrachte Roll= bänder auf dem Faßkörper zu belassen.

12. Die Bestimmung der Tara soll in demjenigen Zustande der Faßkörper erfolgen, in welchem diese sich bei dem Gebrauche be= finden. Hiernach darf die Tarabestimmung eines hölzernen Fasses nicht erfolgen, so lange dasselbe einen ungewöhnlichen Grad äußerer Nässung erkennen läßt; dagegen soll vorher behufs innerer Nässung das Faß mehrere Stunden lang mit Wasser vollständig gefüllt ge= blieben und erst vor der Wägung entleert sein. Letztere Nässung unterbleibt nur dann, wenn die inneren Faßwände einen für die spätere Füllung undurchdringlichen Ueberzug tragen. Prüfungs=
verfahren.

Gewichtsermittelung ohne innere Nässung heißt trockene Tara= bestimmung. Bei metallenen Fässern findet nur trockene Tara= bestimmung statt.

Soll eine Tarabestimmung zugleich mit einer Raumgehalts= bestimmung stattfinden, oder soll ein Faß, welches eine aichamtliche Raumgehaltsbezeichnung trägt, nachträglich mit der Tarastempelung versehen werden, so erfolgt dies bei metallenen Fässern gemäß der trockenen, sonst nur gemäß der nassen Tarabestimmung.

13. Die Stempelung von Fässern, welche bereits mit einer Taraangabe versehen sind, erfolgt gemäß Nr. 10. Stempe=
lung.

14. Die bei den Wägungen zu benutzenden Waagen und Gewichte sollen derart berichtigt sein, daß das Wägungsergebniß höchstens mit Wägungs=
einrich=
tungen.

einem Fehler von $^4/_{10}$ der Aichfehlergrenze für die Tara- oder Raumgehaltsbestimmung behaftet sein kann.

Demgemäß soll die Waage in Bezug auf Empfindlichkeit und Richtigkeit den Anforderungen an Handelswaagen genügen, während die Gewichtsstücke die Genauigkeit von Gebrauchsnormalen für Handelsgewichte haben sollen.

Zur Prüfung einer Dezimal-Brückenwaage auf diese Anforderung sind mindestens 5 Gewichtsstücke zu je 50 kg erforderlich. Zur Kontrole der bei den Wägungen benutzten Gewichtsstücke von 50 kg bis 1 g ist ein zweiter Satz gleicher Stückelung erforderlich, welcher von anderweiter Benutzung fern zu halten ist; ist das Aichamt für die Aichung von Gewichten eingerichtet, so dürfen hier die Gebrauchsnormale Anwendung finden.

Aichgebühren-Taxe.

	A. mit Stempelung Pf.	B. für Arbeitshülfe und Material Pf.	C. ohne Stempelung Pf
Raumgehalts-Ermittelung			
bis zu 105 *l*	20	10	10
= = 205 *l*	30	20	20
= = 410 *l*	50	25	35
= = 610 *l*	60	30	45
= = 810 *l*	70	35	55
für jede angefangene Stufe von 200 *l* mehr	15	10	10
Tara-Ermittelung.			
Nasse Tara	30	20	20
Trockene Tara	30	10	20

Die Sätze nach C sind zu erheben, wenn gestempelte Fässer ihrer Raumgehaltsangabe nach richtig befunden und ohne neue Stempelung zurückgegeben werden.

Die Sätze nach B können mit Genehmigung der Aufsichtsbehörde durch Beschluß derjenigen Behörde, für deren Rechnung die Aichungsstelle verwaltet wird, ermäßigt oder erlassen werden.

Erweisen sich Fässer

a. bei der der Prüfung vorhergehenden Nässung,

b. während der Ermittelung des Raumgehalts

als undicht oder nicht haltbar, so ist zu berechnen:

für die Fälle unter a die Hälfte der Sätze nach B,

für die Fälle unter b der volle Betrag der Sätze nach B und die Hälfte der Sätze nach C.

Bruchtheile von Pfennigen sind auf volle Pfennige abzurunden.

IV. Vorschriften für Hohlmaaße und Meßwerkzeuge für trockene Gegenstände.

Aichordnung.

A. Hohlmaaße.

§. 21.

Maaß-größen.

Zugelassen sind Maaße von
100 Liter,
50, 20, 10 =
5, 2, 1 =
0,5, 0,2, 0,1 =
0,05 =
außerdem ¼ Hektoliter und ¼ Liter.

§. 22.

Material.

Als Material ist
Schwarz-, Weiß- oder verzinktes Eisenblech,
Messing, Bronze, Kupfer,
vernickeltes oder mit Nickel plattirtes Stahl- oder Eisenblech,
sowie Holz
zulässig.

§. 23.

Gestalt.

Die Maaße von 100 bis zu ¼ l sollen die Form eines Cylinders haben, bei welchem der Durchmesser das $1\frac{1}{2}$ fache der Höhe beträgt. Diese Bestimmung gilt als erfüllt, wenn der Durchmesser bei Maaßen bis zu 1 l abwärts höchstens 3, bei kleineren Maaßen höchstens 5 Prozent von dem Sollwerthe abweicht.

Abweichungen von der cylindrischen Gestalt sind auch dahin gestattet, daß sie bei dem oberen und unteren Durchmesser nach entgegengesetzten Seiten liegen.

Bei den Maaßen von 0,2, 0,1 und 0,05 *l* soll der Durchmesser gleich der Höhe sein. Abweichungen wie bei den vorerwähnten Maaßgrößen sind auch hier gestattet.

§. 24.

1. Die Bezeichnung hat bei den Maaßen von 20 *l* abwärts mit Liter oder *l* zu erfolgen. *Bezeichnung.*

2. Für die Abstufungen von 0,2 bis zu 0,05 *l* ist nur die dezimale, für das $1/4$ *l* nur die gewöhnliche Bruchform, für das 0,5 *l* jede dieser Formen zulässig.

3. Die Maaße von 100, 50 und 25 *l* sind mit 1, $1/2$ und $1/4$ Hektoliter oder *hl* zu bezeichnen.

4. Bei allen Bezeichnungen soll die Zugehörigkeit zu dem Maaße gesichert sein oder durch Stempelung gesichert werden können.

§. 25.

1. Die Beschaffenheit und Stärke der Wände und des Bodens sollen derartig sein, daß die Maaße den beim Gebrauch vorkommenden Einwirkungen Widerstand leisten und Verletzungen leicht erkennen lassen. *Beschaffenheit.*

2. Die obere Begrenzung des Maaßraumes soll durch die Ebene des Randes erfolgen. Der Rand soll in gehöriger Stärke ausgeführt oder angemessen verstärkt sein.

3. Maaße zu 100 *l* und 50 *l* sollen mit Handhaben versehen sein.

4. Ein dünner Anstrich der Innenflächen mit Oel, Theer u. dergl. ist zulässig.

5. Für den Boden der Blechmaaße gelten die Bestimmungen des §. 10 Nr. 8 und 9; bei Blechmaaßen von mehr als 2 *l* sind auch andere Arten dauerhafter Verbindung als die dort angegebenen zulässig.

6. Hölzerne Maaße sollen gut ausgetrocknet sein.

7. Der Boden hölzerner Maaße darf aus mehreren Stücken bestehen, wenn diese durch Zusammenleimen oder in anderer dauerhafter Weise mit einander verbunden sind.

8. Hölzerne Maaße dürfen als Spanmaaße, bis zu 0,5 l abwärts auch als Dauben- (oder Stab-) Maaße und von 1 l abwärts auch aus einem einzigen Holzstück hergestellt sein.

9. Bei Spanmaaßen von 20 l und mehr soll der Boden nicht unter 18, bei den übrigen Spanmaaßen nicht unter 10 mm stark sein und etwa mit $1/3$ seiner Stärke derartig bis zur äußeren Wandfläche hervortreten, daß die Spanwand sich auf ihn aufsetzt.

10. Spanmaaße bis zu 10 l abwärts sind zur Verstärkung der Verbindung des Bodens und der Wandfläche sowie der beiden Enden des Spans mit Beschlägen aus Bandeisen zu versehen.

11. Bei Spanmaaßen von mehr als 20 l soll der Beschlag aus drei Bandeisen bestehen, welche sich unter dem Boden kreuzen, an der Wandung aufsteigen und an ein den Rand umgebendes Bandeisen fest anschließen. Eins der Bandeisen soll die äußere Verbindung des Spans decken.

In demjenigen Durchmesser des Randes, welcher die Verbindung des Spans trifft, soll ein eiserner Steg angebracht sein, dessen obere Fläche in der Ebene des Randes liegt, dessen breitere Seitenflächen lothrecht stehen, und dessen Mitte durch eine eiserne Stütze mit dem Boden verbunden ist. Steg und Stütze sind entbehrlich, wenn der Rand anderweit hinreichend versteift ist.

12. Bei Spanmaaßen von 20 und 10 l genügen zwei sich am Boden kreuzende Schienen, von denen eine die Verbindungsstelle des Spans trifft, und welche beide mit einer den oberen Rand umgebenden Bandeisenschiene verbunden sind. Ein Steg ist bei Maaßen von 20 und 10 l zulässig; bei kleineren Maaßen ist er ausgeschlossen.

13. Handhaben sind bei Spanmaaßen so anzubringen, daß die flachen Enden, mit denen sie befestigt werden, nach entgegengesetzten Seiten liegen. Ist keine der Handhaben über der Verbindungsstelle des Spans angebracht, so ist letztere etwa in der halben Höhe noch durch einen Niet zu sichern.

14. Der Beschlag des unteren Randes von Spanmaaßen soll

die Stempelung von Boden= und Wandfläche in Aussparungen oder auf den Köpfen von Kupfer= oder Messingschrauben gestatten.

15. Bei Daubenmaaßen sind die Dauben einzeln mit den um= gelegten eisernen Bändern durch Niete oder Nägel zu verbinden. Bis zu 5 *l* aufwärts sind Maaße zulässig, bei denen die Dauben mit hölzernen Reifen verbunden sind.

§. 27.

1. Die Stempelung erfolgt durch Aufschlagen oder Einbrennen. Für die Stempelung der Maaße aus Blech gelten die Vorschriften des §. 12.

<small>Stempe= lung.</small>

2. Alle hölzernen Hohlmaaße sind an drei gleich weit von ein= ander abstehenden Stellen auf oder dicht unter dem oberen Rande, ferner auf der inneren Boden= und auf der äußeren Wandfläche zu stempeln. An Handhaben ist je ein Niet zu stempeln.

3. Bei Spannmaaßen sind außerdem drei von einander gleich weit entfernte Stempel am unteren Rande der äußeren Wandfläche so aufzusetzen, daß jeder auf Boden und Wand zu stehen kommt. Wenn diese Stempelung auf Schraubenköpfen erfolgt, so genügen zwei auf dem Umfange des Maaßes einander gegenüberstehende Stempel.

4. Bei Daubenmaaßen sind drei von einander gleich weit ent= fernte Stempel möglichst nahe an der unteren Bodenfläche auf die innere Seite der Daubenwandung zu setzen.

B. Maaße und Meßwerkzeuge für Brennmaterialien u. s. w.

§. 28.

Zum Zumessen von Brennmaterialien, Kalk und anderen Mineralprodukten werden zugelassen:

<small>Arten der Maaße.</small>

   I. Kastenmaaße von einem halben, einem oder mehreren ganzen Hektolitern;
  II. Kummtmaaße von mehreren halben Kubikmetern;
 III. Lösch= und Ladegefäße von einem oder mehreren ganzen Hektolitern;

IV. Fördergefäße von einem halben oder mehreren halben Hektolitern;
V. Rahmen- oder Aufsetzmaaße, deren Raumgehalt mehrere ganze Hektoliter beträgt.

Sie dürfen sämmtlich aus Holz oder Eisen hergestellt sein.

§. 29.

I. Kastenmaaße.

Einrichtung der Maaße.

1. Kastenmaaße sollen parallelepipedische Gestalt haben.
2. Bei Maaßen von mehr als 2 hl soll die Bodenfläche ein Rechteck sein, mit einem Verhältniß der Länge zur Breite zwischen 1 : 1 und 2 : 1. Für kleinere Maaße sind bestimmte Abmessungen in Länge, Breite und Tiefe vorgeschrieben.

Die Seitenwände der Kastenmaaße sollen nahezu rechtwinklig gegen den Boden stehen.

3. Hölzerne Kastenmaaße müssen einen Beschlag von Bandeisen erhalten, welcher den oberen Rand und die Verbindung der Seitenwände untereinander und mit dem Boden sichert. Verbindungsstangen zwischen den Seitenwänden oder zwischen den Tragschenkeln dürfen nicht durch den Maaßraum gehen. Das Innere darf mit Eisenblech ausgeschlagen sein; dieser Beschlag soll aber mit dem äußeren Bandeisenbeschlage durch Niete verbunden sein, von denen einige eine Stempelung von außen gestatten.

4. Bei eisernen Kastenmaaßen sollen die Seitenwände von einer gegen Verbiegung sichernden Stärke sein. Die Bodenplatte ist durch Rippen zu verstärken.

II. Kummtmaaße.

1. Kummtmaaße sind mit rechteckiger Boden- und Randfläche und mit geneigten Seitenwänden bei rechtwinklig zur Bodenfläche gestellter Vorder- und Hinterwand auszuführen. Zulässig ist auch, die Seitenwände rechtwinklig und alsdann die Vorder- und Hinterwand rechtwinklig oder geneigt zu der Bodenfläche zu stellen. Vorder- und Hinterwand, sowie etwaige Scheidewände einzelner Abschnitte dürfen nach Art von Schützen in Nuthen, Vorder- und Hinterwand

auch als Thüren oder Klappen beweglich sein. Außerdem sind auf den Wänden Aufsatzbretter gestattet, durch welche der Fassungsraum vergrößert wird.

Der Raumgehalt soll durch die Randfläche oder unterhalb derselben durch Leisten, Reihen von Löchern u. dergl. begrenzt sein.

2. Die näheren Bestimmungen über Abmessungen und Einrichtungen der Kummtmaaße erlassen die Aufsichtsbehörden.

III. Lösch- und Ladegefäße.

Lösch- und Ladegefäße sollen Cylinder- oder Tonnenform haben.

Bezüglich der sonstigen Beschaffenheit und Einrichtung dienen die für Kastenmaaße gegebenen Vorschriften zum Anhalt.

IV. Fördergefäße.

Fördergefäße sind in solchen Formen herzustellen, daß der Raumgehalt sich im Wege der Längenmessung durch einfache Rechnung ermitteln läßt. Im Uebrigen gelten die Vorschriften für Kastenmaaße.

V. Rahmenmaaße.

Rahmenmaaße sollen rechteckig begrenzte Randebenen haben und im Uebrigen den Vorschriften für Kastenmaaße genügen.

§. 30.

Die Bezeichnungen sollen so ausgeführt sein, daß ihre Zugehörigkeit zu dem Maaße gesichert ist oder durch Stempelung gesichert werden kann.

Bezeichnung.

Die Bezeichnung erfolgt mit Hektoliter oder *hl*, bei Kummtmaaßen auch mit Kubikmeter oder cbm.

§. 32.

Die Stempelung geschieht bei Kastenmaaßen, Lösch- und Ladegefäßen, Fördergefäßen und Rahmenmaaßen nach den Vorschriften im §. 27; doch braucht die Stempelung auf oder dicht unter dem Rande auch bei den hölzernen Maaßen nur an zwei einander gegenüberliegenden Stellen zu erfolgen; bei Maaßen mit innerem Eisenbeschlag sind auch außen einige Niete zu stempeln.

Stempelung.

Hohlmaaße u. f. w.

Bei Kummtmaaßen wird ein Stempel an jeder Kante des Kastens und der Aufsatzbretter, sowie dicht an den Leisten, welche die Nuthen für die Schützen bilden, eingebrannt.

C. Meßrahmen.

§. 33.

Einrichtung.

1. Zur Ausmessung rechtwinkliger Aufschichtungen von Brennholz sind lothrecht aufzustellende Meßrahmen zugelassen, deren lichte Rahmenfläche $1/4$, $1/2$, 1 oder mehrere ganze Quadratmeter und deren Tiefe, zwischen Endflächen oder Endmarken oder im Lichten der Rahmen gemessen, ein halbes oder mehrere halbe Meter beträgt.

2. Die Einrichtung der Meßrahmen darf sowohl derartig sein, daß sie zur Ausmessung des Raumgehalts der Aufschichtung, als auch derartig, daß sie nur zur Ausmessung einer der Begrenzungsflächen der Aufschichtung dienen, während die Tiefe der letzteren mit einem Maaßstab ermittelt wird.

3. Die Meßrahmen dürfen aus hölzernen oder eisernen, rechtwinklig verbundenen Stäben oder aus ebenso verbundenen Brettern bestehen. Sie dürfen in sich verbunden oder zum Zusammensetzen eingerichtet sein.

4. Auf Meßrahmen mit festen Stäben oder Brettern dürfen nur Eintheilungen in halbe Meter angebracht sein; bei beweglichen Stäben darf einer derselben mit Centimetereintheilung versehen sein.

§. 34.

Stempelung

Die Stempelung erfolgt dicht an den Verbindungsstellen der einzelnen Rahmenstücke und an jedem End- und Theilpunkte, bei hölzernen Rahmen durch Einbrennen, bei eisernen durch Aufschlagen auf Pfropfe oder Platten von weicherem Metall, welche in unveränderlicher oder durch Stempelung zu sichernder Weise angebracht sein müssen.

Instruktion.

A. Hohlmaaße.

Zur Nachaichung sind bis zum 31. Dezember 1896 noch zugelassen Maaße, welche neben der Bezeichnung nach Liter oder Hektoliter den Namen „Faß" oder „Scheffel", oder welche die Bezeichnung L oder H oder Kub.-Met. tragen. *Uebergangsbestimmungen.*

Im Verkehr sind bis auf Weiteres noch zulässig:
 a. Maaße von 0,2, 0,1 und 0,05 l in Gestalt eines Kegels kreisförmigen Querschnitts, wenn der Durchmesser am Boden das $1\frac{1}{2}$ fache des Durchmessers am Rande ist;
 b. Blechmaaße mit unvollständiger Stempelung auf den Löthfugen, sofern nicht andere Mängel damit zusammenhängen.

---

1. Die Prüfung der Wände, des Randes, des Bodens und des Durchmessers erfolgt wie bei Flüssigkeitsmaaßen. *Beschaffenheit.*
3. Bei Spannmaaßen ist besonders auf Trockenheit zu halten. *Trockenheit.*
5. Die Prüfung des Raumgehalts soll unter Anwendung von Körnern (Hirse, Raps u. dergl.) erfolgen, doch ist bei metallenen, dichten Hohlmaaßen die Prüfung mit Wasserfüllung zulässig. *Prüfung.*
6. Die Prüfung mit Wasserfüllung geschieht wie bei Flüssigkeitsmaaßen. Hierzu können bei Maaßen von 5 l abwärts auch Aichkolben benutzt werden; da der bei Hohlmaaßen für trockene Gegenstände zulässige Fehler doppelt so groß wie bei Flüssigkeitsmaaßen ist, so gelten die Striche der Aichkolben, welche bei Flüssigkeitsmaaßen für die Verkehrsfehler gelten, hier für die Aichfehler. *Wasserfüllung.*

Bei den Maaßen von 10 bis 100 l hat die Prüfung mit Wasserfüllung unter Anwendung der Gebrauchsnormale, und zwar für das Maaß zu 100 l unter wiederholter Füllung des Normals zu 50 l zu erfolgen. Auch bei den Maaßen von 5 l abwärts finden die Gebrauchsnormale Anwendung, falls Aichkolben fehlen.

Bei der Prüfung mit Wasserfüllung ist die Größe des Fehlers mit Büretten oder Fehlergläsern zu ermitteln. Diejenige Bürette, welche bei Flüssigkeitsmaaßen die Verkehrsfehler angiebt, dient hier zur Prüfung auf den Aichfehler. Bei den größeren Hohlmaaßen können auch die kleineren Gebrauchsnormale angewandt werden.

Körnerfüllung. 7. Die Prüfung mit Körnerfüllung geschieht mit Hülfe von Füllapparaten. Nachdem der Fülltrichter mit einem zur Füllung des Gebrauchsnormals sicher ausreichenden, aber nicht erheblich größeren Körnermaterial versehen und das Normal in waagerechter Lage fest aufgestellt ist, wird die Ausflußöffnung des Trichters über die Mitte des Normals gestellt. Der Abstand der Ausflußöffnung von dem Rande des Normals ist so zu wählen, daß die Oeffnung sich nur einige Centimeter über der Spitze des Schüttkegels befindet.

Nach Ablauf des Körnermaterials wird der Trichter entfernt und der Kegel mit einem Streichholz in das Normal abgestrichen. Dieses Abstreichen darf nur durch Verschieben des Streichholzes unter Vermeidung jeglichen Druckes erfolgen. Die letzte Ausgleichung der Füllung mit dem Rande des Normals erfolgt durch Drehung des Streichholzes um die Achse des Normals. Bei dem Füllen wie bei dem Abstreichen ist jede Erschütterung der Maaße zu vermeiden.

Die so hergestellte Körnerfüllung des Normals wird nach Verschluß der Ausflußöffnung in den Trichter geschüttet. Nachdem hierauf das Maaß in derselben Art aufgestellt ist wie vorher das Normal, wird der Trichter so gestellt, daß seine Ausflußöffnung sich über der Mitte des Maaßes und von dem Boden desselben in demselben Abstande wie vorher von dem Boden des Normals befindet; dann läßt man den Inhalt des Trichters in das Maaß ablaufen. Der Schüttkegel wird ebenso wie bei dem Normal abgestrichen.

Ergiebt sich hierbei ein Ueberschuß der Füllung, so wird derselbe sorgfältig aufgefangen, um den Betrag zu bestimmen, um welchen das Maaß zu klein ist. Ob der Ueberschuß innerhalb der Fehlergrenze bleibt, wird mit Hülfe von 2 Fehlergläsern für Raumgehalte von 1 bis 10 und von 25 bis 400 ccm ermittelt. Ergiebt sich dagegen, daß die durch den Trichter gegangene Füllung des Normals zur Füllung des Maaßes nicht hinreicht, so werden mittelst der Fehlergläser allmälig so viel Körner nachgeschüttet, als die Aus=

füllung der Lücken erfordert. Die Fehlergläser ergeben dann, ob der Betrag, um welchen das Maaß zu groß ist, innerhalb der Fehlergrenze bleibt.

Da die Genauigkeit der Prüfung von der Gleichmäßigkeit abhängt, mit welcher sich die Schichtung derselben Körner wiederholt, und da diese Gleichmäßigkeit größer wird, wenn das Körnermaterial durch wiederholte Füllungen und Entleerungen gereinigt ist, so sollen die Körner vor Beginn der Aichung erst mehrmals durch den Trichter laufen.

8. Zur Prüfung dient das Gebrauchsnormal von 50 l. Letzteres wird zweimal gefüllt; beide Füllungen werden nacheinander mittelst des Trichters in das Maaß entleert. *Prüfung des Maaßes von 100 l.*

Bei beiden Entleerungen soll die Ausflußöffnung des Trichters denselben Abstand von dem Boden des Maaßes haben, wie vorher von dem Boden des Normals. Dieser Abstand muß hiernach etwas größer genommen werden als bei der Prüfung von Maaßen zu 50 l mit demselben Normal.

10. Berichtigungen sind gestattet; eine Verpflichtung dazu besteht nicht. *Berichtigungen.*

11. Die Stempelung hölzerner Maaße erfolgt durch Einbrennen. *Stempelung.*
Die Randstempelung soll dicht unter dem Rande erfolgen. Auf dem oberen Rande sind nur die größten, mit genügend breitem Rande versehenen Maaße zu stempeln, wobei statt der Brennstempel auch zuvor mit Ruß eingefärbte, scharfkantige Schlagstempel angewandt werden können.

B. Maaße und Meßwerkzeuge für Brennmaterialien u. s. w.

Zur Nachaichung sind bis zum 31. Dezember 1896 noch zugelassen Maaße und Meßwerkzeuge, welche neben der Bezeichnung nach Liter oder Hektoliter den Namen „Faß" oder „Scheffel", oder welche die Bezeichnung L oder H oder Kub.-Met. tragen. *Uebergangsbestimmung.*

---

14. Die Prüfung des Raumgehalts erfolgt bei gehöriger Trockenheit des Maaßes zunächst durch Ausmessung der lichten Ab- *Kleinere Kastenmaaße.*

messungen der Boden- und Randfläche mit zusammenlegbaren Maaßstäben, welche ausschiebbare Hülfsskalen haben, und mit Endmaaßstäben.
Findet sich zwischen der Länge und Breite der lichten Boden- und der
lichten Randfläche ein Unterschied, welcher 10 Prozent der Tiefe nicht
übersteigt, so ist bei Maaßen von $1/2$, 1 und 2 hl zu prüfen, ob die
Mittelwerthe der oben und unten gemessenen Längen und Breiten,
sowie der Mittelwerth aus etwa 4 gleichmäßig vertheilten Messungen
der Tiefe innerhalb der zulässigen Abweichung von 2 Prozent bleiben.
Ist dies der Fall, so wird der Raumgehalt mit Hülfe besonderer
Tabellen festgestellt.

Größere Kastenmaaße.
15. Bei Kastenmaaßen von größerem Raumgehalt als 2 hl, bei
welchen für die einzelnen Abmessungen keine Werthe vorgeschrieben sind,
werden die Mittelwerthe der in Centimeter gemessenen Längen, Breiten
und Tiefen mit einander multiplizirt; das Ergebniß wird mit dem
Sollwerthe des Raumgehalts verglichen.

Kummtmaaße.
16. Zunächst ist festzustellen, ob die Einrichtung den von der
Aufsichtsbehörde gegebenen Vorschriften entspricht.

Prüfung des Raumgehalts.
17. Die Prüfung des Raumgehalts soll bei gehöriger Trockenheit des Maaßes lediglich durch Prüfung aller für den Raumgehalt
maßgebenden Abmessungen erfolgen.

Hiernach ist durch Ausmessung der Tiefe sowie der Boden- und
der Randflächen, ferner der etwa den Raumgehalt einschränkenden
Leisten u. dergl. festzustellen, ob die Fehlergrenzen eingehalten sind.
Sobald die Abmessungen sämmtlich im Mehr oder sämmtlich im
Minder mehr als $1/2$ des zulässigen Fehlers zeigen, ist die Messung
zu wiederholen und das Maaß nur dann zuzulassen, wenn die Nachmessung ergiebt, daß die Abweichungen der einzelnen Abmessungen
zusammen die Fehlergrenze nicht übersteigen.

Lösch- und Ladegefäße.
18. Die Prüfung des Raumgehalts cylindrischer Gefäße kann
durch Messung des Durchmessers am Boden und am Rande sowie
durch Messung der Tiefe erfolgen. Die Berechnung des Flächen-
inhalts des Bodens und des Randes (welche nicht immer genau
kreisförmig sind) wird so ausgeführt, daß dieselben wie Kreisflächen
behandelt werden, deren Durchmesser gleich dem in Centimeter ausgedrückten, auf Zehntel abgerundeten Mittelwerthe zwischen dem

größten und kleinsten Durchmesser angenommen wird, deren Flächeninhalt also gleich ist $3\frac{1}{7}$ mal dem Mittelwerth des Durchmessers, multiplizirt mit dem vierten Theile dieses Mittelwerthes. Der Raumgehalt wird alsdann so bestimmt, daß der auf ganze Quadratcentimeter abgerundete Mittelwerth zwischen dem Flächeninhalt am Boden und am Rande mit der ebenfalls in Centimeter ausgedrückten, auf Zehntel abgerundeten Tiefe multiplizirt wird.

Die Prüfung von Gefäßen in Tonnenform ist durch Wasserfüllung oder durch Füllung mit Erbsen, unter Anwendung der Gebrauchsnormale für Hohlmaaße nach den zugehörigen Vorschriften auszuführen.

Die Prüfung mit Wasserfüllung kann mittelst Kubizir-Apparate und Aichkolben oder durch Wägung erfolgen.

19. Die Prüfung des Raumgehalts soll durch Ausmessung der Länge, Breite und Tiefe erfolgen. *Fördergefäße.*

Bergkübel mit länglich rundem Querschnitt für Haspelförderung werden wie cylindrische Lösch- und Ladegefäße behandelt.

Für Fördergefäße, bei denen, um zur Seite Raum für die Räder zu gewinnen, der lothrechte Querschnitt des Gefäßes sich krummlinig nach unten verengt, wird die lineare Ausmessung ermöglicht, wenn bei der Verengung die Seitenwände so gebogen werden, daß der nach innen und der nach außen gekrümmte Theil einander gleichen, so daß sie, aufeinander gelegt, sich decken würden. Alsdann läßt sich, wie die Instruktion näher erläutert, der Inhalt des von den gekrümmten Flächen begrenzten Stückes als ein Prisma mit geradlinig begrenzter Grundfläche und mit einer Höhe gleich der Länge des Gefäßes ansehen. Zur Prüfung der Richtigkeit solcher Querschnittsformen dienen Schablonen, wie sie bei der Herstellung der Wände benutzt werden.

Erscheint die Prüfung des Raumgehalts durch Ausmessung nicht thunlich, so erfolgt auch hier die Prüfung mit Wasser- oder Körnerfüllung.

20. Die Prüfung des Raumgehalts erfolgt durch Messung der beiden Randflächen und der Tiefe. Ergiebt sich, daß zwischen den Längen und Breiten der beiden Randflächen kein größerer Unterschied *Rahmenmaaße.*

als ⅕ der Maaßtiefe stattfindet, und daß ihre Abstände, an 4 Stellen gemessen, nur unerheblich verschieden sind, so wird der Raumgehalt ermittelt, indem man den Mittelwerth aus den Abständen der beiden Randebenen mit dem Mittelwerth aus den Flächeninhalten der letzteren multiplizirt.

Bezeichnung.

21. Eine Bezeichnung des Raumgehalts bei vorgedachten Maaßen und Meßwerkzeugen wird auf hölzernen Wänden eingebrannt, auf metallenen aufgeschlagen. Sind hierfür besondere Schilder angebracht, so ist deren Zugehörigkeit zu den Maaßen durch Stempelung zu sichern.

C. Meßrahmen.

Prüfung und Stempelung.

22. Die Prüfung der Richtigkeit erfolgt durch Prüfung der Länge und Breite sowie der Eintheilung der einzelnen Rahmenstücke mittelst eines in Centimeter eingetheilten Maaßstabes von 2 m. Haben die Rahmenstücke für die Tiefen eine feste Länge oder sind sie mit einer Längenbezeichnung versehen, so ist auch die Tiefe zu prüfen und, falls dieselbe innerhalb der Fehlergrenze einem halben Meter oder einem Vielfachen desselben entspricht, zu stempeln. Wenn der Meßrahmen aus zwei Rahmenflächen zusammengesetzt ist, so sind die Abmessungen beider zu prüfen und beide zu stempeln. Ist eins der beweglichen Rahmenstücke mit Centimetereintheilung versehen, so ist die Prüfung wie bei hölzernen Maaßstäben auszuführen.

Hohlmaaße u. f. w.

Aichgebühren-Taxe.

	A. Aichung Pf.	C. bloße Prüfung Pf.
A. Hohlmaaße		
100 *l*	200	100
50 *l*	150	75
¼ *hl* und 20 *l*	80	40
10 *l*	60	30
5 *l*	50	25
2 *l*	30	15
1 *l*	20	10
kleinere	10	5
B. Maaße und Meßwerkzeuge für Brennmaterialien u. f. w.		
I. Kastenmaaße	50	30
II. Kummtmaaße bis zu 2 cbm	80	40
und für je ½ cbm mehr	20	10
III. Lösch- und Ladegefäße bis zu 2 *hl*	75	55
und für je 1 *hl* mehr	20	15
IV. Fördergefäße,		
bei Längenausmessung	75	55
bei Wasser- oder Körnerfüllung die Sätze unter III.		
V. Rahmenmaaße	50	30
C. Meßrahmen.		
Für jedes Rahmenstück bis zu 2 m	10	5
Bei längeren Rahmenstücken außerdem für jede angefangene Stufe von 2 m mehr	10	5

Ist bei beweglichen Meßrahmen einer der Stäbe in Centimeter getheilt, so gilt für ihn der Gebührensatz für Maaßstäbe dieser Art.

Außerdem sind bei jedem Maaße oder Meßwerkzeug für das Einbrennen oder Aufschlagen des Raumgehalts sowie bei jedem Meßrahmenstücke für das Einbrennen oder Aufschlagen der Längenbezeichnung 20 Pf. zu erheben.

V. Vorschriften für Gewichte.

Aichordnung.

Handelsgewichte.

§. 35.

<small>Gewichts=
größen.</small>

Handelsgewichte sind zugelassen in Größen von
50, 20, 10 Kilogramm,
5, 2, 1 =
500, 200, 100 Gramm,
50, 20, 10 =
5, 2, 1 = .

§. 36.

<small>Material.</small>

Als Material dürfen Eisen, Messing, Bronze, Argentan sowie andere Metalle und Metallmischungen, welche den genannten Metallen an Härte und an Beständigkeit gegen Lufteinflüsse nicht nachstehen, und zwar mit oder ohne Ueberzugsschicht aus einem anderen fest=haftenden und luftbeständigen Material angewendet werden. Für Gewichtsstücke unter 100 g sind jedoch Eisen sowie andere Metalle oder Metallmischungen, welche in ihrem Verhalten gegen Lufteinflüsse dem Eisen nahestehen, nicht zulässig.

§. 37.

<small>Gestalt.</small>

Handelsgewichte sollen eine cylindrische Gestalt haben, doch sind zwischen dem oberen und unteren Durchmesser Unterschiede bis zu 5 Prozent des letzteren zulässig.

Gewichte.

Die Stücke von 50 und 20 kg sollen mit einer Handhabe, die Stücke von 10 kg mit Handhabe oder Knopf, die Stücke von 5 kg bis zu 1 g mit Knopf versehen sein; nur eiserne Gewichtsstücke von 200 und 100 g sind ohne Knopf herzustellen.

Die vorgeschriebenen Abmessungen in Höhe und Durchmesser sind für den Körper der Gewichtsstücke, abgesehen von Handhabe und Knopf, einzuhalten.

In Form von Einsatzgewichten sind folgende Stückelungen zulässig:

1. Gesammtgewicht von 1 kg aus 12 Stücken, nämlich 500, 200, 100, 100, 50, 20, 10, 10, 5, 2, 2, 1 g;
2. Gesammtgewicht von 500 g aus 11 Stücken, nämlich 200, 100, 100, 50, 20, 10, 10, 5, 2, 2, 1 g;
3. Gesammtgewicht von 200 g aus 9 Stücken, nämlich 100, 50, 20, 10, 10, 5, 2, 2, 1 g.

Das Eingrammstück eines Einsatzes darf für sich zur Aichung zugelassen werden; im Uebrigen werden Einsatzgewichte nur, wenn der vollständige Einsatz vorgelegt wird, geaicht.

§. 38.

Die Bezeichnung der Gewichtsstücke geschieht unter Angabe des Gewichtsbetrages

bei den Stücken bis zu 1 kg abwärts mit kg,
bei kleineren Stücken bis zu 100 g abwärts mit kg oder g,
bei noch kleineren Stücken mit g.

Bezeichnung.

Die Bezeichnung soll deutlich an augenfälliger Stelle angebracht sein. Bei gußeisernen Stücken soll die Bezeichnung in erhabener Schrift, aus einem Guß mit dem Stück, hergestellt sein; bei abgedrehten Stücken sind Bezeichnungen in vertiefter Schrift zulässig. Bei Stücken aus anderem Metall darf die Bezeichnung aufgeschlagen oder eingravirt sein.

Das Gesammtgewicht eines Einsatzes einschließlich des Gehäuses soll auf der äußeren Fläche des Deckels angegeben sein, die einzelnen Einsatzgewichte sollen ihre Bezeichnung auf der oberen Bodenfläche oder auf dem oberen Rande haben.

§. 39.

Beschaffenheit.

1. Die Oberfläche eines Gewichtsstückes soll derart beschaffen sein und derart regelmäßig verlaufen, daß sie unter den beim Gebrauch vorkommenden Einwirkungen Unveränderlichkeit des Gewichts erwarten und Verletzungen leicht erkennen läßt.

2. Die Handhaben eiserner Gewichte sollen aus Schmiedeeisen bestehen und ohne fremdes Bindemittel wie Blei u. dergl. eingegossen sein. Knöpfe dürfen nicht angeschraubt sein; schmiedeeiserne Knöpfe, wie die Handhaben eingegossen, sind zulässig.

3. Eiserne Stücke von 50 kg bis zu 100 g sollen mit einer Justirhöhlung versehen sein, welche auf der oberen Fläche des Gewichtsstückes in dem Justirloch ausmündet. Diese Ausmündung soll so beschaffen sein, daß der Aichpfropf darin festen Halt hat.

Ein unterhalb des Knopfes gelegenes Justirloch darf nicht zu nahe am Rande, aber auch nicht derart angebracht sein, daß die Zugänglichkeit durch den Knopf beeinträchtigt wird.

4. Der Aichpfropf soll aus Kupfer oder aus einer Legirung von Blei und Zinn bestehen, welche einen für die Erhaltung des Stempelzeichens genügenden Härtegrad hat.

5. Gewichtsstücke aus anderem Metall als Eisen sollen aus einem Stück hergestellt sein und dürfen Justirvorrichtungen nicht enthalten.

Zulässig sind jedoch zur Beseitigung kleiner Ueberschreitungen der Fehlergrenzen bei zu leichten Gewichtsstücken Einbohrungen, welche mit schwererem Material ausgefüllt und dann mit einem Pfropf aus dem Material des Stückes, unter sorgfältiger Wiederherstellung und Glättung der Oberfläche, dauerhaft verschlossen werden.

§. 41.

Stempelung.

Die Stempelung erfolgt durch Aufschlagen. Eiserne Gewichtsstücke erhalten den Stempel auf dem Aichpfropf, Gewichtsstücke aus Messing, Bronze u. dergl. auf der oberen Fläche und auf der Bodenfläche, sowie auf solchen Pfropfen, mit welchen zum Zweck der Berichtigung gemachte Einbohrungen verschlossen sind.

Die einzelnen Stücke der Einsatzgewichte sind auf der inneren und äußeren Bodenfläche zu stempeln.

Zulässig ist die Anbringung der Jahreszahl der Aichung.

Präzisionsgewichte.

§. 42.

Bei Präzisionsgewichten sind außer den für Handelsgewichte zugelassenen Gewichtsgrößen noch Gewichtsgrößen zugelassen von *Gewichtsgrößen.*

500, 200, 100 Milligramm
50, 20, 10 =
5, 2, 1 =

§. 43.

Die Bestimmungen des §. 36 gelten auch hier, doch ist Eisen nur bis zu 5 kg abwärts zulässig. *Material.*

Außerdem ist Platin, von 50 mg abwärts auch Aluminium, für die Stücke von 5, 2 und 1 mg jedoch nur Aluminium zulässig. Bei den Stücken von 500 mg abwärts ist Silber ausgeschlossen.

§. 44.

Für die Stücke von 50 kg bis zu 1 g gelten bezüglich der Gestalt die Bestimmungen des §. 37. Einsatzgewichte sind ausgeschlossen. *Beschaffenheit.*

Die Gewichtsstücke von 500 mg abwärts sind als Blechplättchen mit einer aufgebogenen Seite auszuführen und zwar:

500, 50 und 5 mg als regelmäßiges Sechseck,
200, 20 und 2 mg als regelmäßiges Viereck,
100, 10 und 1 mg als gleichseitiges Dreieck.

Die Vorschriften des §. 39 gelten entsprechend für Präzisionsgewichte, jedoch sind an die Beschaffenheit der Oberfläche besonders strenge Ansprüche zu stellen; der Aichpfropf darf nur aus Messing bestehen.

§. 45.

In Betreff der Bezeichnung gelten für Präzisionsgewichte bis zu 1 g abwärts die Vorschriften des §. 38. *Bezeichnung.*

70 Gewichte.

Die Bezeichnung der kleineren Präzisionsgewichte geschieht unter Angabe des Gewichtsbetrages

bei Stücken von 500 bis zu 100 mg mit g oder mg,

bei kleineren Stücken mit mg oder ohne Zusatz.

Die Bezeichnungen sind deutlich aufzuschlagen oder einzupressen.

§. 47.

Stempelung. Die Stempelung der Präzisionsgewichte erfolgt mit dem Präzisionsstempel gemäß §. 41. Gewichtsstücke in Plättchenform empfangen einen Stempel auf der die Bezeichnung enthaltenden Fläche.

Postgewichte.

§. 52.

Gewichtsgrößen. Für den Gebrauch der Postbehörden sind besondere Gewichtsstücke von 40 g und 15 g zugelassen.

§. 53.

Beschaffenheit. Die Postgewichte sollen aus Messing oder aus einer zinnhaltigen Kupferlegierung, in Form von rechtwinkligen Prismen mit abgeschliffenen Kanten und Ecken und mit einem Knopfe hergestellt, sowie mit der Bezeichnung Postgewicht 40 g oder 15 g versehen sein.

In Betreff der sonstigen Beschaffenheit gelten die Vorschriften für Handelsgewichte aus anderem Metall als Eisen.

Instruktion.

Uebergangsbestimmungen. Zur Nachaichung sind bis zum 31. Dezember 1896 noch zugelassen:

a. Gewichtsstücke in Bombenform zu 50 kg und zu 50 Pfund.

b. Gewichtsstücke, deren Höhe oder Durchmesser nicht den Vorschriften genügt, und zwar

solche zu 50, 20, 10, 5, 1 kg, 500 g und ½ Pfund, wenn die Höhe des Cylinders ohne Handhabe und Knopf den Durchmesser übersteigt;

solche zu 2 kg, wenn die Höhe des Cylinders kleiner ist als der Durchmesser;

solche von 200 bis 1 g, wenn die Höhe des Cylinders die Hälfte des Durchmessers nicht erheblich übersteigt.

c. Gewichtsstücke mit einer oder zweien der folgenden Bezeichnungen: Centner, Zentner, Ctr, C, Ztr, Z, Pfund, ℔, Pf, P, K, G, D, C, M, NL, Dekagramm.

d. Gewichtsstücke, auf denen neben einer zulässigen Bezeichnung das Zehn- oder Hundertfache des Gewichts angegeben ist.

e. Gewichtsstücke zu 50 g aus Eisen in Gestalt eines Cylinders, dessen Höhe die Hälfte des Durchmessers nicht erheblich übersteigt, ohne Justirhöhlung.

f. Einsatzgewichte zum Gesammtgewichte von 500 g in der Stückelung von $1/2$ Pfund, 100, 50, 50, 20, 10, 10, 5, 2, 2 und 1 g.

g. Präzisionsgewichtsstücke zu 2, 1 und 0,5 kg und $1/2$ Pfund aus Eisen.

h. Präzisionsgewichtsstücke zu 500 bis 1 mg aus Silber.

i. Präzisionsgewichtsstücke zu 5, 2 und 1 mg aus Messing, Bronze, Argentan und Platin.

k. Präzisionsgewichtsstücke zu 500, 200 und 100 mg in Form rechtwinkliger Blechplättchen mit aufgebogenem Rande; ebenso zu 50, 20, 10, 5, 2 und 1 mg in der vorerwähnten Form mit aufgebogener Ecke.

Handelsgewichte.

1. Gewichtsstücke, bei denen gröbere Porositäten oder andere *Material.* erhebliche Unregelmäßigkeiten der Oberfläche, z. B. grobe oder unregelmäßige Befeilungen, ersichtlich sind, sollen zurückgewiesen werden, ebenso Gewichtsstücke, deren Oberfläche nicht gehörig abgeputzt und von Formsand gereinigt ist, oder bei welchen gröbere Poren- und Blasenräume mit Kitt, Zinn, Blei u. s. w. ausgefüllt sind.

Nicht abgedrehte Gewichtsstücke aus Eisen sollen mit einem luftbeständigen und festhaftenden Lack- oder Oxydüberzuge, abgedrehte mit einem ebensolchen oder einem festhaftenden Ueberzuge von luftbeständigem Metall, z. B. Nickel, versehen sein. Messingene oder bronzene Gewichtsstücke dürfen Metallüberzüge letzterer Art haben.

Es sind aber nicht zulässig Ueberzüge, z. B. Email oder zu dick aufgetragener Lackanstrich, welche sich beim Gebrauch leicht abstoßen, weil in Folge deß erhebliche Gewichtsverminderungen entstehen können.

Die Abnutzung von Metallüberzügen an den Rändern, Kanten u. s. w. der bereits im Verkehr gewesenen Gewichtsstücke schließt deren Zulässigkeit nicht aus.

Ueberzüge aus Blei, Zinn, Zink u. dergl. sind nicht zu dulden, Bronzirungen, farbige Oelanstriche u. dergl. nur auf den die Bezeichnung enthaltenden Stellen.

Gewichtsstücke aus einem Kern von Blei u. dergl. mit einem Mantel aus Messing u. dergl. sind unzulässig.

Alle bloß zur Verzierung dienenden Vorsprünge, Ränder u. dergl. sind ausgeschlossen. Doch sind Gewichtsstücke aus Gußeisen, bei welchen die obere Fläche des Körpers oder des Knopfes von einem wenig überragenden, abgerundeten Rande umgrenzt wird, und alle Gewichtsstücke, bei welchen sich am Halse des Knopfes eine Abstufung oder anderweite einfache Verzierung vorfindet, zugelassen. Derartige Abstufungen sind aber häufig Anzeichen eines angeschraubten Knopfes und erfordern eingehende Untersuchung.

Gestalt 2. Bei der Prüfung der Höhen, der Durchmesser und der Cylindergestalt wird es meistens ausreichen, die Abmessungen nach dem Augenmaaß mit dem Normal zu vergleichen.

Nur wenn sich Höhe oder Durchmesser oder die Abweichung von der Cylindergestalt der festgesetzten Grenze nähern, bedarf es einer Nachmessung. Solche wird bei Gewichtsstücken von 50 bis zu 0,5 kg, bei welchen die Höhe gewisse Grenzen enthalten soll, mit einer Lehre oder mit einer in Millimeter eingetheilten Skale, bei Gewichtsstücken von 200 bis zu 1 g, bei welchen der Durchmesser gewisse Grenzen einhalten soll, mit einer Lehre ausgeführt. Zur Prüfung der Cylindergestalt erfolgt die Messung des oberen und unteren Durchmessers mit Hülfe eines Tastermaaßstabes.

Gewichte.

3. Bei der ersten Aichung sollen eiserne Gewichtsstücke nur soweit berichtigt sein, daß ihre Richtigstellung mit Hülfe der Justireinrichtungen leicht ausführbar ist; sie sollen nicht mit Justirmaterial, höchstens mit dem lose eingesetzten Aichpfropf versehen sein. *Justireinrichtung.*

Damit das Justirloch dem Aichpfropf festen Halt gewährt, soll es sich nach außen etwas erweitern und wenigstens in der Nähe der Ausmündung einen regelmäßigen, gut bearbeiteten Verlauf der Wände zeigen.

Die Größe der Justirräume steht in Beziehung zu der Größe der Gewichtsstücke. Letztere sollen nach Höhe und Durchmesser von den Normalen, die Stücke von 500 g abwärts wenigstens von mustergültig ausgeführten Stücken nicht auffallend abweichen. Ist dies nicht der Fall, so wird schon der Einblick in die Justiröffnung ergeben, ob der Justirraum nicht größer ist, als der Menge des gewöhnlich erforderlichen Justirmaterials entspricht. Entstehen Zweifel, so ist das Gewichtsstück ohne Justirmaterial und Aichpfropf einer Wägung zu unterwerfen, um das Mindergewicht auf die zulässigen Grenzen zu prüfen.

4. Von den Aichamtswaagen dient zur Prüfung der Stücke *Richtigkeit.*
von 50 bis zu 10 kg Waage Nr. 1,
 =   5 =   = 1 =   =   Nr. 2,
 = 500 =   = 50 g   =   Nr. 3,
 =   20 =   = 1 =   =   Nr. 4.

Ist eine dieser Waagen nicht in leistungsfähigem Zustande, so darf nur die nächst größere Waage angewandt werden, nachdem festgestellt ist, daß ihre Leistung auch für Gewichtsstücke, die nicht innerhalb der ihr sonst zugewiesenen Grenzen liegen, ausreicht.

Bei der Prüfung wird zunächst das Normal auf eine Schale gesetzt, sodann durch Belastung der anderen Schale mit Tarirmaterial die Waage zum Einspielen gebracht. Weiterhin wird die Waage in Ruhe gesetzt und an Stelle des Normals das Gewichtsstück gebracht. Die Gewichtszulage, welche jetzt auf der Gewichtsseite oder Taraseite zum Einspielen erforderlich ist, darf die Aichfehlergrenze nicht übersteigen.

Zur leichteren Feststellung dieser Grenze dienen Fehlergewichte.

Das zugehörige Fehlergewicht ist auf derjenigen Seite der Waage hinzuzufügen, welche sich als die leichtere erweist. Das Gewichtsstück ist zulässig, wenn jetzt die Waage in die Einspielungslage zurückkehrt oder über dieselbe hinausgeht.

Berichtigung eiserner Stücke.

5. Neue eiserne Gewichtsstücke werden zunächst, nachdem wie vorhin das Normal auf die Waage gesetzt und diese durch Tarirung zum Einspielen gebracht ist, an Stelle des Normals aufgesetzt. Die Waage wird dann wieder zum Einspielen gebracht, indem der Aichpfropf hinzugelegt und das erforderliche Justirmaterial in die Justirhöhlung oder in eine kleine, in die Tarirung einbegriffene Hülfsschale eingebracht wird. Hierauf wird das Gewichtsstück von der Waage abgenommen und, bei Anwendung einer Hülfsschale, erst das Justirmaterial in die Justirhöhlung eingebracht; endlich wird der Pfropf in das Justirloch eingesetzt und anfänglich mit leichten Hammerschlägen, dann aber mit Hülfe eines Aufsetzers, unter Vermeidung von Absplitterungen eingetrieben.

Berichtigung von Stücken aus Messing u. s. w.

6. Die Berichtigung zu schwer befundener Stücke aus Messing u. dergl. erfolgt durch Befeilen der Bodenfläche mit Vermeidung grober Feilstriche. Hierzu sind die Aichungsstellen verpflichtet. Zu leichte Gewichte dieser Art sind zurückzugeben; nur wenn eine tadellose Ausführung der Berichtigung gesichert ist, darf letztere gemäß §. 39 Nr. 5 der Aichordnung erfolgen.

Wenn bei einem Einsatzgewichte eines der Stücke nicht berichtigungsfähig erscheint, ist der ganze Satz zurückzugeben. Zum Zweck der Einhaltung der Fehlergrenze des Gesammtgewichts kann es nothwendig werden, einzelne Stücke, welche die Fehlergrenze einhalten, noch vollständiger zu berichtigen.

Stempelung.

7. Bei der Stempelung eiserner Gewichtsstücke soll die Fläche des Pfropfes nur wenig über oder unter der Oberfläche des Stückes liegen. Bei gepfropften Messing= u. s. w. Gewichten erhält der Pfropf einen auf die umgebende Oberfläche etwas übergreifenden Stempel.

Prüfung geaichter Stücke.

8. Früher geaichte Gewichtsstücke werden zunächst im Anhalt an die Anweisungen unter Nr. 1 und 2 geprüft. Erweist sich das Gewichtsstück als vorschriftsmäßig, so erfolgt die Prüfung auf den Verkehrsfehler nach Nr. 4 mittelst der Doppelfehlergewichte.

Berichtigungen werden bei nicht aus Eisen hergestellten Gewichten nach Nr. 6 ausgeführt.

Bei der Berichtigung zu schwer gewordener eiserner Gewichtsstücke wird zunächst versucht, den Fehler durch Gewichtsverminderung der hervorragenden Theile des Aichpfropfes zu beseitigen. Falls dies nicht hinreicht, ist der Aichpfropf auszuheben und durch Einsetzen eines leichteren Aichpfropfes oder, wenn nöthig, durch Hinwegnahme von Füllmaterial die Unrichtigkeit zu beseitigen. Entsprechend wird bei zu leicht gewordenen Stücken Füllmaterial hinzugefügt oder bloß ein schwererer Pfropf eingesetzt.

Bei der Prüfung eines Einsatzgewichts, dessen Stücke sämmtlich gestempelt sind, werden die Stücke und das Gesammtgewicht auf die Verkehrsfehlergrenze untersucht.

Stücke, welche dabei wegen Ueberschreitung der eigenen Fehlergrenze oder mit Rücksicht auf die Einhaltung der Fehlergrenze des Gesammtgewichts eine Berichtigung erfordern, werden neu gestempelt. Haben sich unberichtigt gebliebene Stücke sowie das Gesammtgewicht innerhalb des Aichfehlers als richtig erwiesen, so sollen auch solche Stücke neu gestempelt werden.

Werden zu einem Einsatzgewicht gehörige Stücke theils gestempelt, theils nicht gestempelt zur Prüfung gebracht, so werden die gestempelten Stücke auf den Verkehrsfehler, die nicht gestempelten Stücke aber auf den Aichfehler untersucht.

Präzisionsgewichte.

10. Die Prüfung der Präzisionsgewichte erfolgt entsprechend den Vorschriften für die Handelsgewichte, doch ist mit besonderer Sorgfalt zu untersuchen, ob die Oberfläche vorschriftsmäßig ist und die Einhaltung der Fehlergrenze sichert. In diesem Sinne ist darauf zu halten, daß nicht etwa zahlreiche, mit bloßem Auge erkennbare Porositäten vorhanden sind.

Scharfe, schneidende oder schartige Kanten und ungenügend abgeglättete Drehspuren, sowie Ziehspuren bei Gewichten aus Draht sollen nicht vorhanden sein.

Gewichte.

Bei den Stücken von 500 bis zu 1 mg genügt es, daß die vorgeschriebene Gestalt ohne Messung erkennbar ist.

Bezüglich der Berichtigung und Stempelung gilt in entsprechender Anwendung dasselbe, was für Handelsgewichte bestimmt ist.

Zur Prüfung der Präzisionsgewichtsstücke von 5 g abwärts ist eine fünfte Aichamtswaage bestimmt.

Bei der Prüfung bereits gestempelter Präzisionsgewichte ist nach Nr. 8 zu verfahren.

Die Befugniß zur Aichung von Präzisionsgewichten schließt die Verpflichtung zur Aichung von Stücken zu 5, 2 und 1 mg nicht ein.

Postgewichte.

Prüfung. 12. Die Aichämter dürfen neue Postgewichte nicht aichen. Bereits gestempelte Postgewichte sind dagegen gemäß Nr. 4 von ihnen zu prüfen. Im Falle einer neuen Stempelung unterbleibt die Vernichtung der Stempel der Normal=Aichungs=Kommission.

Zur Prüfung dienen je zwei der gewöhnlichen Normale, und zwar

von 20 g und 20 g für das 40 g=Stück
= 10 = = 5 = = = 15 =

sowie die Aichamtswaagen Nr. 3 und Nr. 4.

Die Prüfung erfolgt stets auf den Aichfehler.

Bezüglich der Berichtigung gilt Nr. 6.

Aichgebühren-Taxe.

Handels-gewichte	A. Aichung		B. Berichtigung		C. bloße Prüfung		D. Aichpfropfen	
	eiserne Pf.	andere Pf.	eiserne Pf.	andere Pf.	eiserne Pf.	andere Pf.	kupferne Pf.	bleierne Pf.
50 kg	70	140	15	40	35	70	40	10
20 kg	40	80	10	30	20	40	35	10
10 und 5 kg ..	20	40	5	15	10	20	30	5
2 kg bis 500 g .	10	20	5	10	5	10	20	5
200 und 100 g .	10	20	5	5	5	10	15	5
50 g	—	10	—	5	—	5	—	—
kleinere	—	5	—	5	—	5	—	—

Präzisions-gewichte	eiserne Pf.	andere Pf.	eiserne Pf.	andere Pf.	eiserne Pf.	andere Pf.	messingene Pf.
50 kg	100	200	20	40	50	100	40
20 kg	60	120	15	30	30	60	35
10 und 5 kg ..	30	60	10	20	15	30	30
2 und 1 kg ..	—	30	—	15	—	15	—
500 g	—	30	—	15	—	15	—
200 und 100 g .	—	20	—	10	—	10	—
50 g	—	10	—	10	—	5	—
kleinere	—	5	—	5	—	5	—
50 Pfd. ...	60	120	15	30	30	60	35
½ Pfd.....	15	30	10	15	10	15	20
2, 1 u. 0,5 kg a. Eisen	15	—	10	—	10	—	20

Handelsgewichte zu 50 Pfd. werden wie solche zu 20 kg, Stücke zu ½ Pfd. wie solche zu 500 g behandelt. Bei älteren 50 g-Stücken aus Eisen kommen für den Aichpfropf, wenn er aus Kupfer ist, 15 Pf., sonst 5 Pf. in Ansatz.

Bei Handelsgewichten aus Eisen mit Aichpfropfen aus Kupfer sind die Berichtigungsgebühren wie für Gewichte aus anderem Metall.

Bei Einsatzgewichten werden die Gebühren für die einzelnen Stücke und für das Gesammtgewicht erhoben. Werden bei einem schon gestempelten Einsatzgewicht unberichtigte Stücke neben dem Gesammtgewicht neu gestempelt, so werden für diese Stücke nur die Gebühren nach C erhoben.

Die Ansätze nach B schließen für Handels- wie für Präzisionsgewichte die Kosten des Füllmaterials ein.

	A. Aichung Pf	B. Berichtigung Pf.	C. bloße Prüfung Pf.
Postgewichte	10	5	5

Für Berichtigungen bei zu leicht befundenen Postgewichten sind die Sätze [nach B doppelt zu erheben; sonst sind der Mühewaltung und der Aufwendung entsprechende Kosten anzusetzen.

Bei den zur Prüfung von Gewichten dienenden Fehlergewichten und bei den zur Prüfung von Waagen dienenden Zulagegewichten sind dieselben Gebühren anzusetzen, wie bei den entsprechenden oder nach ihrer Gewichtsgröße am nächsten stehenden Handels- bezw. Präzisionsgewichten.

VI. Vorschriften für Waagen.

Aichordnung.

A. Handelswaagen.

§. 55.

Zugelassen sind nur solche Hebelwaagen mit Gewichtswirkung, mittelst derer das Gewicht der Last in einer einzigen Stellung des Hebelsystems, der Einspielungsstellung, ermittelt wird. Sie sollen folgenden Bestimmungen genügen: *Zulässige Waagen.*

1. Die sich berührenden Theile der Schneiden und Pfannen sollen aus gehärtetem Stahl sein. Schneiden und Pfannen sollen so eingerichtet und an den Hebeln und Stangen so angebracht sein, daß die Drehungen ohne Hemmungen erfolgen, und daß alle Längen, deren Unveränderlichkeit für die Richtigkeit der Waage wesentlich ist, nur durch feste Schneiden begrenzt werden.

2. Die an dem nämlichen Hebel befestigten Schneiden sollen parallel und zugleich so zu einander gestellt sein, daß die Gleichgewichtslagen der Waage innerhalb ihrer Belastungs- und Bewegungsgrenzen stabile sind.

3. Jede Waage soll mit der deutlichen und untrennbaren Angabe der größten Last, zu deren Abwägung sie bestimmt ist, versehen sein, oder die Einrichtungen darbieten, um mit einer solchen Angabe versehen zu werden.

4. Jede Waage, bei welcher es nicht durch ihre Aufhängung oder Aufstellung gesichert oder durch die Formen und Abmessungen ihres Gestells und ihrer Zeigereinrichtung ohne Weiteres erkennbar

ist, daß die Einspielung stets in der nämlichen Lage zur Lothrichtung stattfindet, soll mit Pendelzeiger oder Wasserwaage u. dergl. versehen sein.

5. Die Längen der Hebelarme oder die Lage des Schwerpunktes dürfen nicht durch Vorrichtungen korrigirbar sein, welche es ermöglichen, Veränderungen der Waage leicht und schnell auszuführen oder zu beseitigen.

§. 56.
Gattungen von Handelswaagen.

I. Gleicharmige Waagen.

Konstruktionssysteme.

a. Gleicharmige Balkenwagen, bei welchen sich die Belastungen hängend unterhalb der Endachsen befinden.

b. Gleicharmige oberschalige oder Tafelwaagen, bei denen der Schwerpunkt der Belastungen oberhalb der Endachsen liegt, mit Parallelführung der Belastungen.

II. Ungleicharmige Waagen,

mit solchen Hebellängen, daß die Last durch $1/10$ oder $1/100$ ihres Gewichts aufgewogen wird (Dezimal- und Centesimalwaagen):

a. Ungleicharmige Balkenwaagen, bei welchen sich die Belastungen hängend unterhalb tragender Achsen befinden.

b. Brückenwaagen, bei welchen der Schwerpunkt der Last oberhalb tragender Achsen liegt, mit Parallelführung des Lastträgers.

III. Laufgewichtswaagen,

bei welchen auf der Lastseite ähnliche Einrichtungen, wie bei den Waagen unter I und II vorhanden sind, bei welchen aber die Last durch ein unveränderliches Gewicht an veränderlichem Hebelarm aufgewogen und an der Skale dieses Hebelarmes abgelesen wird:

a. Einfache Balkenwaagen mit Laufgewicht und Skale (Schnellwaagen, römische Waagen u. s. w.)

b. Zusammengesetzte Balkenwaagen sowie Brückenwaagen mit Laufgewicht und Skale.

Bei den Waagen unter II und IIIb sind auch Einrichtungen zulässig, bei welchen ein Theil der Last durch Gewichtsstücke, die an nicht veränderlichem Hebelarm wirken, und der andere Theil durch eine Laufgewichtseinrichtung aufgewogen wird. Waagen dieser Art sind entweder zu II oder zu IIIb zu rechnen, je nachdem derjenige Theil der größten Last, welcher von den Laufgewichtsskalen angegeben werden kann, kleiner oder größer ist, als der übrige Theil; sie sind im ersten Falle als „ungleicharmige Waagen mit Hülfs=Laufgewicht und =Skale", im letzteren Falle als „Brücken=" bezw. „zusammen= gesetzte Balkenwaagen mit Laufgewicht und Skale nebst Hülfs=Ge= wichtsschale" zu bezeichnen.

Die Aufhängung der Belastung darf niemals unmittelbar an der Pfanne erfolgen, sondern nur mittelst eines Zwischengehänges mit Ring und Haken u. dergl., damit die beim Aufbringen der Last un= vermeidlichen Schwingungen der Gehänge sich nur vermindert auf die Pfannen übertragen und überhaupt Aenderungen in der Stellung der Pfannen thunlichst vermieden werden.

Jede Brückenwaage soll mit einer Ausrückvorrichtung an dem Gegengewichtshebel und jede festfundamentirte Brückenwaage sowie überhaupt jede Brückenwaage für eine größte Last von mehr als 2000 kg außerdem mit einer Entlastungsvorrichtung versehen sein.

§. 57.

Gleich= armige Waagen.

1. Die beiden Arme einer gleicharmigen Balkenwaage dürfen Verschiedenheiten der Gestalt nicht zeigen; der Waagebalken soll in der Einspielungslage für sich im Gleichgewicht sein.

2. Falls der Balken dieser Waage sich an den Enden bogen= oder gabelförmig verzweigt, darf die Länge der Mittelschneide des Balkens nicht weniger betragen als $6/10$ des Abstandes zwischen den von der Verzweigung getragenen, zu einander gehörigen Theilen jeder Endachse. Eine Schutzeinrichtung soll eine Anlehnung der Last an die Zweige des Balkens verhindern.

3. Gleicharmige Waagen dürfen an den Schalen mit Tarir= vorrichtungen versehen sein, durch welche das unter Umständen ver= änderliche Gewicht der Schalen oder Gehänge sich so ausgleichen läßt, daß die Waage im unbelasteten Zustande einspielt; doch sollen diese Einrichtungen so sein, daß die damit bezweckte Ausgleichung leicht er=

kennbar wird. An den Hebelarmen dürfen sich derartige Ausgleichungsmittel nicht befinden.

§. 58.

Ungleicharmige Waagen.

1. Zulässig sind Dezimalwaagen nur für eine größte Last von nicht weniger als 20 kg und Centesimalwaagen nur für eine größte Last von nicht weniger als 200 kg.

2. Centesimalwaagen sollen als solche an augenfälliger Stelle bezeichnet sein.

3. Ungleicharmige Waagen dürfen nicht nur an den Schalen mit Tarirvorrichtungen, sondern auch an den Hebelarmen mit Regulirvorrichtungen (Laufgewicht ohne Skale) versehen sein, durch welche das Gewicht sämmtlicher Theile sich so ausgleichen läßt, daß die Waage im unbelasteten Zustande einspielt.

Brückenwaagen sollen mit derartigen Regulirvorrichtungen versehen sein.

Alle diese Einrichtungen sollen so sein, daß die damit bezweckte Ausgleichung leicht erkennbar wird.

§. 59.

Laufgewichtswaagen.

1. Für die Einrichtungen auf der Lastseite einer Laufgewichtswaage gelten, je nachdem dieselbe eine Balken- oder Brückenwaage ist, die für Balken- oder Brückenwaagen getroffenen Bestimmungen.

2. Die Eintheilung der Skalen dieser Waagen soll nach Dezimaltheilen des Kilogramm, unter Beisetzung von kg zu einer der Zahlenangaben, eingravirt oder aufgeschlagen sein. Der kleinste Abstand zweier Theilungsmarken soll mindestens 2 mm betragen.

3. Die Ablesungsmarke an der Skale soll so beschaffen sein, daß die Ablesung nicht durch Nebenumstände, insbesondere nicht durch eine Verschiedenheit der Augenstellung beeinflußt werden kann.

4. Je nach der Länge und Einrichtung der Lasthebel dürfen verschiedene Skalen, doch für dasselbe Laufgewicht nicht unmittelbar neben- oder übereinander auf derselben Seitenfläche des Hebels, angebracht sein.

5. Die Unveränderlichkeit der Laufgewichtseinrichtung und der Massenvertheilung innerhalb der letzteren muß durch Form, Material

und sonstige Beschaffenheit verbürgt sein. Doch darf bei Waagen mit mehreren Laufgewichten und Skalen das Laufgewicht selbst der Träger eines kleineren Laufgewichts mit Skale oder nur einer beweglichen Skale u. dergl. sein, deren Verschiebung die letzte Gewichtsausgleichung ermöglicht. Klemmschrauben u. dergl. dürfen nicht abnehmbar sein.

6. Einfache Balkenwaagen mit Laufgewicht und Skale haben nur einen Hebel, dessen einer Arm die Last, dessen anderer Arm die Skale und das Laufgewicht trägt. Die Waagen dürfen nur ein Laufgewicht haben, welches mittelst Gehänges auf einer Schneide ruht, die auf beiden Seiten einer längs der Skale zu verschiebenden Hülse vorsteht. Von dieser Hülse darf das Laufgewicht nicht abnehmbar sein. Die Schneide soll mit der Mittelschneide der Waage und der Endschneide des Lasthebels in einer Ebene liegen.

7. Ist die Hülse abnehmbar, so soll ihr Gewicht mit Einschluß des Gehänges und des Laufgewichts nach Kilogramm, unter Beisetzung von kg, auf der Hülse oder auf dem Laufgewicht deutlich und untrennbar angegeben sein.

8. Die Hülse darf für jede Seite des veränderlichen Hebelarmes nur eine Ablesungsmarke enthalten. Ist sie abnehmbar, so darf sie überhaupt nur eine Marke, welche für beide Skalen dient, enthalten.

9. Ist eine abnehmbare Schale oder Anhängevorrichtung für die Last vorhanden, so soll das Gewicht derselben mit Einschluß der Ketten, Oesen und Gehänge nach Kilogramm, unter Beisetzung von kg, an der Vorrichtung deutlich und untrennbar angegeben sein. Vorrichtungen dieser Art dürfen nur aus Metall hergestellt sein.

10. Die Verschiebbarkeit der das Laufgewicht tragenden Hülse an der Skale des Hebelarmes soll eine stetige sein. Kerbförmige Einschnitte des letzteren u. dergl. sind nicht zulässig.

11. Zusammengesetzte Balkenwaagen sowie Brückenwaagen mit Laufgewicht und Skale sind nur für eine größte Last von nicht weniger als 200 kg zugelassen.

12. Es befindet sich hier die Last entweder an einem Hebelarm, welcher erst mittelbar durch eine Hebelverbindung auf den die Lauf-

gewichtseinrichtungen tragenden Hebel wirkt, oder auf einer Brücke mit Parallelführung; die Laufgewichte befinden sich an der Stelle des Hebelsystems, an welcher bei gewöhnlichen Brückenwaagen die Gewichtsschale angebracht ist.

13. Außer den unter Nr. 5 erwähnten Einrichtungen sind hier zwei oder mehrere verschiedene Skalen mit verschiedenen Laufgewichten neben- oder übereinander zulässig.

14. Die Einstellung des größten Laufgewichts auf die einer ganzen Anzahl von größeren Gewichtseinheiten entsprechenden Hebellängen darf durch kerbförmige Einschnitte u. dergl. erleichtert werden; doch soll außer diesen Abstufungen der Hebeleintheilung auch eine Skale vorhanden sein, an welcher die Stellung des Laufgewichts mittelst einer Marke abgelesen wird.

15. Die Laufgewichte brauchen nicht mit einer Gehängeeinrichtung auf der fest mit der verschiebbaren Hülse verbundenen Schneide zu ruhen. Vielmehr ist hier statt der Gehängeeinrichtung eine andere Form und Anbringung der Laufgewichte zulässig, sofern nur der Schwerpunkt des Laufgewichts in möglichst geringem Abstande von der durch die Mittelschneide der Waage und die Endschneide des Lasthebels gehenden Ebene liegt und sich nicht augenfällig tiefer unter dieser Ebene befindet als die Mittellinie des Hebelarmes, an welchem das Laufgewicht sich bewegt.

16. Die Vorschriften unter Nr. 2 bis 5 und 12 bis 15 finden entsprechende Anwendung auf Laufgewichte und Skalen, welche nur als Hülfseinrichtungen bei anderen Waagengattungen dienen. Bei solchen Einrichtungen darf jedoch an der zur Ablesung der kleinsten Gewichtstheile bestimmten Skale diejenige Aenderung der Gewichtsangabe, welche einer Verschiebung des Laufgewichts um einen Skalentheil entspricht, den Betrag der nach §. 60 anzuwendenden größten Gewichtszulage nicht übersteigen.

§. 60.

Empfindlichkeit und Richtigkeit.

Die Waagen sollen hinreichend empfindlich und in ihrem Hebelverhältniß hinreichend richtig sein. Die Empfindlichkeit wird nach dem Verhältniß beurtheilt, in welchem die kleinste Aenderung der

Laſt, die noch einen Ausſchlag hervorbringt, zu der Laſt ſelber ſteht. Empfindlichkeit und Richtigkeit werden mittelſt der gleichen Gewichts= zulagen geprüft. Zuläſſig iſt eine Waage nur dann

1. wenn nach Aufbringung der größten Laſt folgende Zulagen noch einen Ausſchlag bewirken:

I. bei gleicharmigen Waagen

$\frac{1}{500}$ oder 0,2 g für je 100 g einer größten Laſt bis zu 200 g,

$\frac{1}{1000}$ = 1,0 = für je 1 kg einer größten Laſt bis zu 5 kg,

$\frac{1}{2000}$ = 0,5 = für je 1 kg einer größten Laſt von mehr als 5 kg;

II. bei ungleicharmigen Waagen

$\frac{1}{1667}$ oder 0,6 g für je 1 kg der größten Laſt;

III. bei Laufgewichtswaagen

$\frac{1}{1000}$ oder 1,0 g für je 1 kg einer größten Laſt von weniger als 200 kg,

$\frac{1}{1667}$ = 0,6 = für je 1 kg einer größten Laſt von 200 kg oder mehr;

2. wenn nach Aufbringung des zehnten Theiles der größten Laſt der fünfte Theil der für die größte Laſt berechneten Zulage noch einen Ausſchlag bewirkt;

3. wenn die Abweichung des Hebelverhältniſſes

bei gleicharmigen Waagen von der Gleichheit,

bei Dezimalwaagen von dem Verhältniß 1 : 10,

bei Centeſimalwaagen von dem Verhältniß 1 : 100,

bei Laufgewichtswaagen von der Angabe der Skale

bei der Abwägung ſowohl der größten Laſt als auch ihres zehnten Theiles durch einen Gewichtsbetrag ausgeglichen wird, welcher die nach Nr. 1 und 2 berechnete Zulage nicht überſteigt;

4. wenn bei Waagen mit Parallelführung der Laſt (oberſchalige und Brückenwaagen), ſowie bei gleicharmigen Balkenwaagen mit Ver= zweigung der Hebelenden die vorſtehenden Bedingungen auch in den verſchiedenen, bei der Anwendung vorkommenden Stellungen der Laſt eingehalten werden.

Waagen.

B. Präzisionswaagen.

§. 61.

Einrichtung. Zugelassen sind nur gleicharmige Balkenwaagen, welche nach Material und Güte der Ausführung eine besondere Zuverlässigkeit erwarten lassen. Die Drehungseinrichtungen sollen von besonders guter Ausführung und die Schwingungen vor Reibung und Klemmung möglichst gesichert sein.

§. 62.

Empfindlichkeit und Richtigkeit. Empfindlichkeit und Richtigkeit sind unter entsprechender Anwendung der Vorschriften für Handelswaagen mit folgenden Zulagen zu prüfen:

$\frac{1}{500}$ oder 2,0 mg für je 1 g einer größten Last bis zu 20 g,

$\frac{1}{1000}$ = 1,0 = für je 1 g einer größten Last bis zu 200 g,

$\frac{1}{2000}$ = 0,5 = für je 1 g einer größten Last bis zu 2 kg,

$\frac{1}{5000}$ = 0,2 g für je 1 kg einer größten Last bis zu 5 kg,

$\frac{1}{10000}$ = 0,1 = für je 1 kg einer größten Last von mehr als 5 kg.

C. Geringere Waagen.

§. 65.

Waagen für Reise- und Postgepäck. Zum Abwägen von Eisenbahnpassagiergepäck und von Postpäckereien ohne angegebenen Werth sind solche Waagen zugelassen, bei welchen das Gewicht der Lasten lediglich durch Beobachtung des Neigungswinkels eines Hebelsystems ermittelt wird. Die Neigungswinkel, welche von dem Verhältniß der Last zu einem und demselben Gegengewichte oder zu der Elastizität einer Feder abhängig sind, werden auf Kreisbogeneintheilungen oder auf Zifferblättern abgelesen.

Die Waagen sollen folgenden Anforderungen genügen:

1. Sie sollen an ersichtlicher Stelle, etwa in der Nähe der Ablesungseinrichtung, ein Schild tragen mit der deutlichen Bezeichnung: **Waage für Eisenbahnpassagiergepäck** bezw. **Waage für Postpäckereien ohne angegebenen Werth.**

2. Sie sollen den Bedingungen im §. 55 unter Nr. 1 bis 3 genügen und mit einem Pendelzeiger versehen sein.

Waagen. 87

3. Die Gewichtsangaben der Ablesungseinrichtung dürfen nur in Kilogramm, durch Beisetzung von kg zu einer der Zahlenangaben, ausgedrückt sein. Dasjenige Eintheilungsintervall, welches einem Belastungsunterschiede von 1 kg entspricht, darf nicht kleiner sein als 5 mm.

4. Es sollen Regulir= und Tarirvorrichtungen vorhanden sein, um die Gewichtsangaben leichter richtig stellen zu können.

5. Die Empfindlichkeit soll eine derartige sein, daß sowohl bei der größten an der Ablesungseinrichtung angegebenen Belastung, als auch bei dem zehnten Theil derselben eine deutlich erkennbare Ver= änderung der Gleichgewichtslage eintritt durch eine Zulage

von 200 g bei Waagen für Eisenbahnpassagiergepäck,
von 100 g bei Waagen für Postpäckereien.

6. Die Abweichungen von der Richtigkeit dürfen bei allen Be= lastungen zwischen der größten Last und dem zehnten Theil ihres Betrages

200 g bei Waagen für Eisenbahnpassagiergepäck,
100 g bei Waagen für Postpäckereien
nicht übersteigen.

7. Eine Entlastungsvorrichtung muß angebracht sein.

§. 66.

Zum Abwägen von Gegenständen des Wochenmarktverkehrs sind gleicharmige Balkenwaagen von einer geringeren als der für Handels= waagen vorgeschriebenen Genauigkeit zugelassen, wenn sie

Höker=waagen.

1. den Bedingungen im §. 55 und 57 genügen;

2. für eine größte Last von nicht mehr als 2 kg bestimmt sind;

3. an jedem Arm einen angelötheten oder angenieteten Blech= streifen mit der aufgeschlagenen Bezeichnung HW tragen; und wenn

4. die Zulage, welche die Waage im Zustande der größten Belastung bei merklicher Abweichung von der Richtigkeit zum Ein= spielen zurückführt oder merklich vom Einspielen ablenkt, das 4fache des Betrages nicht übersteigt, welcher im §. 60 bei gleicharmigen Handelswaagen zugelassen ist.

Stempelung.

§. 67.

Art der Stempelung.

1. Die Stempelung der **Handelswaagen** geschieht durch Aufschlagen eines Stempels auf einen Arm des Balkens, bei Waagen mit mehreren verbundenen Hebeln auf einen Arm des die Gewichte tragenden Hebels.

2. Bei festfundamentirten Brückenwaagen, sowie bei allen Waagen für eine größte Last von mehr als 2000 kg soll neben dem Aichungsstempel auch die Jahreszahl der Aichung aufgebracht werden.

3. Bei Brückenwaagen, bei welchen das Traghebelsystem nicht frei liegt, soll eine Stempelung auch auf einem der Traghebel erfolgen.

4. Bei Laufgewichtswaagen wird je ein Stempel dicht hinter dem letzten Theilstrich jeder Skale und dicht neben der Ablesungsmarke jedes Laufgewichts aufgeschlagen.

5. Bei gleicharmigen oberschaligen Waagen wird der Stempel auf einen Arm des die Gewichtsschalen tragenden Balkens aufgebracht; er kann aufgeschlagen oder aufgeätzt werden.

6. Für jede Stempelung, welche auf Stahl, Eisen oder auf Material von ähnlichen Eigenschaften erfolgen müßte, soll ein Pfropf oder eine Platte aus weichem Metall angebracht und in unveränderlicher, nöthigenfalls durch Stempelung zu sichernder Weise befestigt sein.

7. Im Falle der Aetzung soll die Stempelungsfläche regelmäßig begrenzt, metallisch rein und glatt sein.

8. Falls die Zugehörigkeit der Angabe der größten Last zu einer Waage nicht durch die Art der Anbringung gesichert ist, muß dies durch Stempelung geschehen. Erfolgt diese Angabe durch das Aichamt, so soll auch hierfür ein untrennbar an der Waage angebrachter Pfropf u. dergl. vorhanden sein.

9. Die Stempelung der **Präzisionswaagen** erfolgt ausschließlich durch Aetzung auf dem Balken.

Waagen.

10. Die Stempelung der Waagen für Eisenbahnpassagiergepäck und für Postpäckereien geschieht durch Aufschlagen eines Stempels mindestens an einer Befestigungsstelle des Schildes, welches die Bezeichnung der Waage enthält, und zwar auf Köpfen von kupfernen oder messingenen Schrauben nach Beseitigung des Einschnittes derselben. Außerdem ist an einer geeigneten Stelle des Schildes oder seiner Befestigung, etwa auf Zinntropfen, der Aichungsstempel und die Jahreszahl der Aichung aufzubringen.

11. Die Stempelung der Hökerwaagen erfolgt durch Aufschlagen eines Stempels auf die Löthnaht oder den Nietkopf, durch welche einer der die Bezeichnung HW enthaltenden Blechstreifen mit dem Waagebalken verbunden ist, oder auf einen daselbst anzubringenden Zinntropfen.

§. 68.

1. Festfundamentirte Brückenwaagen sowie alle Waagen für eine größte Last von mehr als 2000 kg dürfen im Verkehr nur bis zum Ablaufe von 3 Jahren nach Schluß desjenigen Kalenderjahres angewendet werden, in welchem die letzte Aichung laut der aufgestempelten Jahreszahl erfolgt ist.

Geltungsdauer des Stempels.

3. Waagen für Eisenbahnpassagiergepäck dürfen im Verkehr nach Schluß desjenigen Kalenderjahres, in welchem die letzte Aichung laut der aufgestempelten Jahreszahl erfolgt ist, nur 1 Jahr, Waagen für Postpäckereien nur 2 Jahre angewendet werden.

Instruktion.

Zur ersten Aichung sind bis zum 31. Dezember 1889 noch zugelassen:

Uebergangsbestimmungen.

Festfundamentirte oder für eine größte Last von mehr als 2000 kg bestimmte Brückenwaagen ohne vollständige Entlastungsvorrichtung.

Bei festfundamentirten Brückenwaagen sollen jedoch durch geeignete Schutzvorrichtungen (Verriegelungen, Gehänge u. dergl.) Verschiebungen der Pfannen und Schneiden, wie sie durch die beim

Aufbringen der Last auf die Brücke stattfindenden Stöße entstehen, thunlichst eingeschränkt sein.

Zur Nachaichung sind bis zum 31. Dezember 1896 noch zugelassen:

a. die bis zum 31. Dezember 1889 zur ersten Aichung noch zugelassenen Waagen.

b. Waagen mit einer der folgenden Bezeichnungen in der Angabe der größten Last: Ctr, ℔, Pf, K, G.

c. Dezimalwaagen für eine größte Last von weniger als 20 kg und Centesimalwaagen für eine größte Last von weniger als 200 kg.

d. Laufgewichtswaagen mit einer der folgenden Bezeichnungen auf der Skale: Ctr, ℔, Pf, K, G.

e. Waagen mit der Angabe der geringsten Last und einer der Bezeichnungen Ctr, ℔, Pf, K, G.

f. Gleicharmige oberschalige Waagen, welche den die Größe der Gewichtsschale regelnden Anforderungen nicht genügen, sobald der Raum der Gewichtsschale hinreicht, um die größte Last in nebeneinander stehenden Gewichtsstücken so aufzusetzen, daß deren Rand nicht über den Rand der Schale hinausragt.

Im Verkehr sind bis auf Weiteres noch zulässig Waagen mit Stempelungen, welche an anderen Stellen oder auf anderem Material oder nach einem anderen Verfahren ausgeführt sind, als im §. 67 der Aichordnung vorgeschrieben ist, sofern die Stempelzeichen deutlich erkennbar sind.

A. Handelswaagen.

Allgemeine Beschaffenheit.

1. Gleicharmige Balkenwaagen, deren Hebelenden nicht verzweigt sind und deren Schalen nicht über den Endschneiden liegen, dürfen ohne Schalen geaicht werden. Ungleicharmigen Balkenwaagen ohne Lastschale (Krahnwaagen u. dergl.) soll zur Aufnahme der größten Last ein Hülfslastträger beigegeben sein, sofern nicht auf andere Weise für eine vorschriftsmäßige Prüfung gesorgt ist. Auch

Waagen, bei welchen die Form der Lastträger die Aufbringung der größten Last in Normalgewichten oder sonstigem Material nicht zuläßt, sollen Hülfseinrichtungen, welche die Belastung ermöglichen, beigegeben werden.

Bei kurzen Schneiden soll das Zwischengehänge Drehungen nach mehreren Seiten gestatten, wie der Ring mit Haken; bei weit ausladenden Schneiden (z. B. bei gegabeltem Balken) genügt die Beweglichkeit des Zwischengehänges um eine der Schneide parallele Achse. Die Mitte hängender Schalen soll nahezu lothrecht unter der Schneidenmitte liegen.

Balken, Hebel und Skalen sollen aus Eisen, Stahl, Messing oder Bronze bestehen; bei den kleinsten Waagen sind andere Metalle und Metallmischungen von nahezu gleicher Festigkeit (Nickel, Neusilber, Aluminium) zulässig.

Schwanenhalsbalken sind nur dann zulässig, wenn die gehärteten Theile, welche die Endschneiden enthalten, nicht aus einem Stück mit dem Balken bestehen.

Ergeben sich hiernach keine Bedenken, so ist an der Hand der „bildlichen Darstellungen" zu untersuchen, ob die Waage einem zulässigen Konstruktionssysteme angehört; bei den oberschaligen Waagen sind auch innerhalb eines zulässigen Systems nur die bildlich dargestellten Konstruktionen sowie die in der „Beschreibung" erwähnten Abweichungen zulässig.

Endlich ist zu prüfen, ob die Waage den Bedingungen im §. 55 der Aichordnung genügt und die nach §. 67 erforderliche Einrichtung für die Stempelung darbietet.

2. Zurückzuweisen sind Waagen, bei welchen nicht die Schneiden, sondern die Pfannen an den Hebeln angebracht sind.

Schneiden und Pfannen.

Pfannen und Schneiden sollen aus Stücken von solcher Stärke und Form bestehen, daß Biegungen oder Gestaltänderungen durch ihre Beanspruchung oder Befestigung nicht eintreten können. Sie sollen in ihre Träger unverrückbar eingesetzt sein. Für spielende Pfannen gilt letzteres jedoch nur insoweit, als es ihre konstruktionsmäßige Beweglichkeit gestattet.

Durch die Gestalt der Pfanne und der benachbarten Theile

oder durch besondere Vorkehrung soll dafür gesorgt sein, daß ein Herabgleiten der Pfanne von der Schneide nicht leicht eintreten kann. Die hiergegen etwa angewendeten Schutzplatten, Vorsteckstifte u. dergl. sollen an ihren Trägern sicher und in einem solchen Abstand von den Drehungseinrichtungen befestigt sein, daß Berührungen in Folge angesammelten Schmutzes nicht leicht stattfinden.

Sind den Balkenenden gehärtete Stahlplatten vorgeschraubt, deren schneidenförmig zugeschärfte Oesen die Endschneiden bilden, so sollen die Schraubenköpfe mit den Einschnitten weggefeilt sein.

Bei den Parallelführungen von Brücken- oder oberschaligen Waagen muß die in den „bildlichen Darstellungen" angegebene Anordnung der Schneiden und Pfannen genau eingehalten sein.

Spielende Pfannen. 3. Bei Verbindungen von Hebeln mit geschränkten Achsen müssen die Pfannen behufs zwangloser Bewegung des Mechanismus eine geringe Drehung um eine zur Schneide rechtwinklige Achse gestatten. Hier sind spielende Pfannen unerläßlich. Andererseits werden dieselben oft nur zur bequemeren Einhaltung gewisser Konstruktionsverhältnisse ohne Noth angewandt; hier geben die „bildlichen Darstellungen" Anhalt für die Entscheidung, inwieweit spielende Pfannen zulässig sind. Bei gleicharmigen Balkenwaagen und bei oberschaligen Waagen, soweit diese nicht geschränkte Achsen haben, sind spielende Pfannen keinesfalls zulässig.

Hebel. 4. Erscheinen die Hebel einer Waage zu schwach für die größte Belastung, so ist, falls die Betheiligten sich einverstanden erklären, die Angabe der größten Last herabzumindern.

Verlangen aber die Betheiligten die Prüfung auf die behauptete Tragkraft, so ist eine Festigkeitsprüfung durch Aufbringung der größten Last auszuführen.

Prüfung der Drehungseinrichtungen. 5. Ob die sich berührenden Theile der Schneiden und Pfannen aus Stahl von genügender Härte bestehen, ist mit einer Schlichtfeile zu prüfen. Es ist nicht erforderlich, daß diese Theile glashart sind, vielmehr dürfen dieselben soweit angelassen sein, daß sie der Schlichtfeile gerade noch Widerstand entgegensetzen. Bei der Prüfung ist, um Verletzungen der Schneiden zu vermeiden, behutsam zu verfahren, besonders bei Schneiden, deren harte Stahlschicht in Schmiedeeisen eingesetzt ist.

Der Schneidenwinkel soll für Belastungen von 50 kg oder mehr nahezu ein rechter Winkel sein.

Risse oder sonstige Verletzungen der Schneiden machen die Waage unzulässig; doch sind die Schneiden hierauf erst nach Aufbringung der größten Last zu besichtigen.

Die Gestalt und Anordnung der Schneiden und Pfannen muß derart sein, daß nicht durch Berührung mit festen Theilen das freie Spiel gehemmt werden kann. Diese Bedingung läßt sich erfüllen

a. durch gehärtete Stoßplatten, welche mit den Pfannen verbunden sind und rechtwinklig zur Drehungsachse stehen, während die freien Endflächen der Schneidenprismen so abgeschrägt und zugespitzt sind, daß eine Berührung mit den Stoßplatten nur in der Drehungsachse stattfinden kann;

b. durch die bei den Endachsen gleicharmiger Balkenwaagen bis zu 20 kg Belastung zulässigen krummlinigen Schneiden und Haken. In diesem zweiten Falle ist, unter Schrägstellung der Haken, besonders zu untersuchen, ob seitliche Berührungen des Gehänges mit den Balkenenden ausgeschlossen sind.

6. Der Vorschrift, daß die Schneiden eines Hebels stets untereinander parallel sein sollen, ist bei krummlinigen Schneiden genügt, wenn auch nur diejenigen Strecken, auf welchen die die Pfannen darstellenden Haken aufliegen, mit der Mittelschneide parallel sind. Einer anderen Prüfung als der nach Augenmaaß bedarf es jedoch nur dann, wenn die Schneide eine merkliche seitliche Verschiebung des Gehänges gestattet, ohne daß dasselbe in eine bestimmte Lage von selbst zurückkehrt. Es genügt, wenn die größte seitliche Verschiebung nach Aufbringung der größten Last keinen Ausschlag verursacht, welcher die durch §. 60 der Aichordnung vorgeschriebene Zulage überschreitet.

Lage der Schneiden.

Waagen, bei welchen kreisförmige Schneidenkörper ohne Sicherungsvorrichtungen gegen Drehungen, z. B. in Nuthen eingepreßte Keile u. dergl., in den Balken eingesetzt sind, sind unzulässig.

Angabe der größten Last.

7. Die Angabe der größten Last soll untrennbar mit wesentlichen Theilen der Waage verbunden sein; doch genügt eine feste Verbindung mit einem Stativ u. dergl., sofern letzteres ausschließlich zu bestimmten Konstruktionsausführungen der betreffenden Waage gehört.

Laufgewichtswaagen bedürfen einer besonderen Angabe der größten Last nur dann, wenn eine Hülfsgewichtsschale vorhanden ist.

Zeigereinrichtung.

8. Waagen, bei welchen nach früheren Erfahrungen die Zungen- oder Zeigereinrichtung im Sinne des §. 55 Nr. 4 der Aichordnung unzureichend erscheint, sind sofort zurückzuweisen. Das Gleiche gilt für Waagen, deren Scheerenhälften einen Bügel erfordern, aber durch diesen unten nicht zu einem festen Ganzen verbunden sind; eine eingehängte lose Drahtverbindung statt dieses Bügels ist ausgeschlossen.

Brückenwaagen sollen stets mit Pendelzeiger oder Wasserwaage versehen sein, wenn sie nicht in derselben Stellung, wie die Aichung geschah, unveränderlich aufgestellt werden.

Korrektur- und Tarir-Einrichtungen.

9. Einrichtungen zur Verstellung der Schneiden, bezw. zur Hebung oder Senkung des Schwerpunkts durch Verstellung eines über oder unter der Mittelschneide angebrachten Korrekturgewichts u. dergl. sind bei Handelswaagen unzulässig.

Tarirvorrichtungen sollen so eingerichtet sein, daß die Hinzufügung oder Hinwegnahme von Tarirmaterial nicht leicht und schnell ohne Werkzeuge ausgeführt werden kann.

Berichtigung. Nachaichung.

10. Zu Berichtigungen sind die Aichungsstellen nur insoweit verpflichtet, als es sich um Balken- oder Schalentarirungen handelt.

Gelangt eine gestempelte Waage zur Prüfung auf ihre Zulässigkeit im Verkehr, so beschränkt sich die Untersuchung, sofern die Waage nicht festfundamentirt oder für eine größte Last von mehr als 2000 kg bestimmt ist, auf die Prüfung der Richtigkeit und Empfindlichkeit bei der größten Belastung. Eine festfundamentirte oder für eine größte Last von mehr als 2000 kg bestimmte Waage wird, wenn die Gültigkeit des Stempels abgelaufen ist, oder wenn nach der Angabe der Betheiligten oder nach dem Befunde seit der letzten Stempelung eine auf die Hebellängen oder auf die gegenseitige Lage der festen Stützpunkte des Hebelsystems bezügliche Veränderung stattgefunden

Handelswaagen. 95

hat, wie bei der ersten Aichung geprüft. Ist dagegen die Gültigkeit des Stempels noch nicht abgelaufen und eine Veränderung solcher Art nicht erfolgt, so wird nur auf den Verkehrsfehler geprüft, sofern die Betheiligten nicht eine neue Aichung wünschen.

11. Waagen, deren Transport zum Aufstellungsorte die Lösung der festen Stützpunkte des Hebelsystems erfordert, oder bei denen überhaupt erst am Aufstellungsorte eine feste Lagerung dieser Stützpunkte erfolgt, sollen erst nach der Aufstellung geaicht werden.

Aichung am Aufstellungsort.

Nur dann, wenn die festen Stützpunkte des Hebelsystems bei der Aufstellung zuverlässig und leicht (z. B. nach einer beigegebenen Anweisung) an die rechte Stelle gesetzt werden können, darf die Aichung vor der Versendung erfolgen. Der Aichungsbeamte hat von Zeit zu Zeit diese Voraussetzung durch Anordnung probeweisen Auseinandernehmens und Wiederzusammensetzens einzelner Waagen, unter Beobachtung der für die Wiederzusammensetzung angebrachten Einstellungsmarken, zu prüfen. Das Hebelverhältniß der Waage muß nach erfolgter Wiederzusammensetzung mit dem vorher ermittelten übereinstimmen, was durch Aufbringen eines in Betracht der Empfindlichkeit der Waage hinreichenden Materials von bekanntem Gewicht auf beide Seiten der Waage zu ermitteln ist. Einstellungsmarken, deren Abänderung ohne deutliche Verletzungen der Oberfläche möglich sein würde, sind durch Stempelung zu sichern. Die zusammengehörigen Lager eines Hebels, z. B. die beiden Stützlager eines Dreieckhebels, dürfen bei der Auseinandernahme keinesfalls aus ihrer gegenseitigen Lage gebracht werden.

Ist bei einer ohne Lösung der festen Stützpunkte nicht versendungsfähigen Waage die gehörige Wiederzusammensetzung nicht genügend vorgesehen, so ist die Waage durch Stempelung der in ihrer Verbindung zu erhaltenden Theile gegen das Auseinandernehmen zu sichern.

Auch zusammenlegbare Brückenwaagen sind zulässig. Erfordert die Zusammenlegung eine Lösung der festen Stützpunkte des Hebelsystems, so ist wie vorher zu verfahren. In anderen Fällen ist nur festzustellen, daß die auf beweglichen Theilen befindlichen Stützpunkte nach Aufstellung der Waage nicht schlottern oder nachgeben. Die

Art des Zusammenlegens und Aufstellens der Waage muß leicht verständlich sein.

Ia. Gleicharmige Balkenwaagen.

Allgemeine Prüfung.

12. Wenn die Arme des Balkens auffällige Verschiedenheiten der Gestalt zeigen, so erfolgt die Zurückweisung, soweit es sich nicht lediglich um kleine durch Berichtigungsarbeiten verursachte Formverschiedenheiten bei gußeisernen Balken handelt.

Bei verzweigten Balkenenden, welche die beiden zusammengehörigen Stücke einer Endschneide tragen, soll ein an dem Gehänge befestigter Bügel eine Anlehnung der Belastung an Hebelarm oder Balken verhindern. Bei Waagen dieser Art dürfen die Gehänge, welche die Schalen tragen, nicht mit den Pfannen fest verbunden und an den vorstehenden Endschneiden aufgehängt sein, sondern es sollen die Pfannen in besonderen Gehängen angebracht sein, welche die Gehänge der Schalen tragen.

Bei der Prüfung, ob der Balken in der Einspielungslage für sich im Gleichgewicht ist, wird zunächst untersucht, ob derselbe ein freies Spiel hat und bei der Schwingungsbewegung weder selbst noch an seiner Zungeneinrichtung Hemmnisse erfährt. Läßt sich eine derartige Störung mit Hülfe gewöhnlicher Werkzeuge nicht beseitigen, so ist die Waage zurückzuweisen.

Erscheint die freie Schwingung des Balkens gesichert, so werden die etwa mit eingelieferten abnehmbaren Schalen, Gehänge u. s. w., mit Ausnahme der die Pfannen der Endschneiden enthaltenden Gehängetheile, entfernt. Alsdann läßt man den Balken von einer ihm ertheilten mäßigen Schwingung zur Ruhe kommen; die Ruhelage soll waagerecht sein, die Zunge muß in dieser Lage einspielen und eine loth- oder waagerechte Stellung einnehmen. Läßt sich dies nicht erreichen, so ist das Gewicht des nach unten geneigten Armes durch Befeilen zu vermindern. Diese Berichtigung kann bis dahin, daß die Waage sich im Uebrigen als zulässig erwiesen hat, verschoben und einstweilen ersetzt werden, indem man kleine Wachs-, Metall- oder Papierstückchen auf der zu leichten Seite anbringt.

Wenn die Ruhelage des Balkens zwar waagerecht erscheint, die

Gleicharmige Balkenwaagen.

Zunge aber nicht mit der Einspielungsstellung zusammentrifft, so ist bei den in einer Scheere hängenden Waagen die Einspielungsmarke zu versetzen; bei Waagen dagegen, bei welchen das Lager der Mittelschneide auf einem festen Stativ ruht, ist die Neigung des letzteren bis zur Einspielung zu ändern. Die veränderte Stellung des Stativs darf von der lothrechten Stellung nicht augenfällig abweichen und ist bei der weiteren Prüfung beizubehalten.

13. Bei der Prüfung mit Anhängegewichten werden alle von dem Waagebalken abnehmbaren Theile bis auf diejenigen, welche mit den auf den Endschneiden ruhenden Pfannen unmittelbar verbunden sind und deren Gewicht bei der Balkentarirung mit ausgeglichen worden ist, abgenommen. Die Waage wird dann mit Anhängegewichten so weit belastet, daß das Gesammtgewicht auf jeder Seite der größten Last entspricht.

Prüfung der Empfindlichkeit und Richtigkeit.

Spielt hierbei die Waage ein, so beschwert man erst auf der einen, dann auf der anderen Seite der Waage die Anhängegewichte mit der durch §. 60 der Aichordnung vorgeschriebenen Gewichtszulage. Bewirkt das Zulagegewicht eine andauernde Veränderung der Gleichgewichtslage, und zwar bei wiederholter Erprobung nahezu in gleichem Ausschlag, so besitzt die Waage die genügende Empfindlichkeit. Die Zulage soll die Lage der Zunge und des ganzen sichtbaren Hebelsystems gegen die Einspielungslage um einen solchen Winkelbetrag verändern, daß die Abweichung auch ohne genauere Beobachtung des Zungenendes erkennbar ist.

Spielt die Waage bei der Belastung mit den Anhängegewichten nicht ein, so sind die Hebelarme ungleich lang. Diese Ungleichheit ist noch gestattet, wenn die Auflegung der durch §. 60 der Aichordnung vorgeschriebenen Gewichtszulage die Zunge andauernd und bei wiederholter Erprobung mindestens bis zur Einspielungslage zurückführt. Reicht die Zulage hierzu nicht aus, so ist die Waage zurückzuweisen.

Zur Beseitigung der die zulässige Grenze überschreitenden Ungleichheit der Hebelarme ist die Aichungsstelle befugt, aber nicht verpflichtet.

Zeigt sich, daß die Empfindlichkeit bei der größten Belastung unterhalb der zulässigen Grenze liegt, läßt jedoch der sonstige Prüfungsbefund erwarten, daß die Waage bei einer geringeren Belastung genügen werde, so ist zunächst die Prüfung bei einer geringeren Belastung zu wiederholen. Genügt hierbei die Waage, so ist danach die Angabe der größten Last zu bemessen.

Hat sich die Empfindlichkeit und die Richtigkeit der Waage bei der größten Last als hinreichend erwiesen, so erfolgt die Prüfung mit Anhängegewichten, welche $1/_{10}$ der größten Belastung betragen, mittelst der durch §. 60 Nr. 2 der Aichordnung vorgeschriebenen Gewichtszulage. Eine Waage, welche hierbei nicht genügt, ist ohne Weiteres zurückzugeben. Entspricht sie zwar den Anforderungen, zeigt sie aber einen geringeren Ausschlag als bei der größten Belastung, so ist sie zulässig, so lange dieser Ausschlag noch deutlich erkennbar ist.

Nunmehr erfolgt die etwa bis dahin verschobene Berichtigung des Balkens.

Sind die mit vorgelegten Schalen vertauschbar, so sollen sie zum Schluß ebenfalls, indem man sie an den Waagebalken hängt, auf die Gleichheit ihres Gewichts geprüft und erforderlichen Falles durch Verminderung des Gewichts der einen Schale oder durch Vergrößerung des Gewichts der anderen berichtigt werden. Lassen sich die zu den Schalen gehörigen Gehänge oder einzelne Theile daraus unter einander vertauschen, so sind auch die vertauschbaren Theile auf die Gleichheit ihres Gewichts zu prüfen und nöthigenfalls zu berichtigen.

Prüfung ohne Anhängegewichte. 14. Vorbeschriebener Gang der Prüfung ändert sich nicht, wenn für die Belastung zwar keine Anhängegewichte, dagegen ausreichende Paare von Normalgewichten und zugleich Schalen und Gehänge vorhanden sind, welche für die größte Belastung geeignet und auf gleiches Gewicht berichtigt sind. Die tarirten Schalen mit den Normalgewichten ersetzen dann die Anhängegewichte. Bei Waagen mit verzweigtem Balken oder mit Schalen über den Endschneiden werden im Sinne des §. 60 Nr. 4 der Aichordnung die Normalgewichte nicht in der Mitte, sondern nach einander zu jeder der beiden Seiten des Balkens in der äußersten Stellung aufgebracht, welche ohne Ueberschreitung des Schalenrandes möglich ist.

Sind zwar Normalgewichte von dem für die Belastungsgrenze der Waage erforderlichen Gewicht vorhanden, aber keine tarirten Gehänge und Schalen, so ist die Prüfung unter Benutzung der vorgelegten Gehänge und Schalen die folgende.

Ohne vorläufige Balkentarirung bringt man die Waage, unbelastet, durch Tarirmaterial zum Einspielen. Dann setzt man die paarweise gleichen Normalgewichte auf die Schalen und verfährt ebenso wie bei der Prüfung mit Anhängegewichten. Erweist sich hierbei die Waage als zulässig, so wird nöthigenfalls die gesonderte Tarirung der Schalen und der Gehänge ausgeführt. Sobald die Waage, bloß mit diesen noch zu tarirenden Theilen belastet, einspielt, hängt man die letzteren um und ermittelt die Gewichtszulage, welche die Waage wieder zum Einspielen bringt. Wenn alsdann die Schale, in welcher diese Zulage erfolgt ist, um die Hälfte der letzteren schwerer oder die andere Schale um ebenso viel leichter gemacht ist, gilt die Schalentarirung als erledigt.

Schließlich wird der nur mit nicht abnehmbaren Theilen belastete Balken für sich berichtigt.

Die Prüfung kann endlich selbst ohne Normalgewichte ausgeführt werden. Man bringt zu dem Behuf, zunächst ohne vorläufige Tarirung, den Balken einschließlich der Gehänge und Schalen durch Tarirmaterial zum Einspielen; sodann belastet man die Waage mit geeignetem, von dem anderen Tarirmaterial gesondert zu haltenden Material bis zu ihrer größten Belastung, so daß sie einspielt. Hierauf prüft man durch die vorgeschriebene Gewichtszulage ihre Empfindlichkeit. Wird diese ausreichend gefunden, so vertauscht man das Belastungsmaterial beider Schalen, aber ohne das vorher bloß zur Tarirung der unbelasteten Waage verwandte Tarirmaterial, welches an derselben Stelle bleibt. Spielt die Waage jetzt nicht mehr ein, so ermittelt man die Gewichtszulage, welche das Einspielen wieder herbeiführt. Die Hälfte dieser Zulage stellt die Wirkung der noch vorhandenen Ungleicharmigkeit der Waage dar, und zwar ist derjenige Arm der kürzere, an welchem die Zulage erforderlich war. Ist die Hälfte dieser Zulage nicht größer als die im §. 60 der Aichordnung bestimmte Zulage, so folgt die Prüfung mit $1/10$ der größten Last.

Prüfung ohne Normalgewichte.

Gleicharmige Balkenwaagen.

Schließlich wird wie sonst die etwa erforderliche gesonderte Schalen- und Balkentarirung ausgeführt.

Prüfung der Einspielungslage.

15. Hat die Waage sich bei der Prüfung in der Nähe der Belastungsgrenzen als zulässig erwiesen, so ist, wenn die Waage nicht in einer Scheere hängt, noch zu prüfen, ob ihre Zungeneinrichtung Gewähr dafür giebt, daß das Einspielen stets in derselben Gleichgewichtslage stattfinden wird, in welcher das Wägungsergebniß richtig befunden wurde.

Ruht das Lager der Mittelschneide auf einem festen Stativ, so ist ein Pendelzeiger u. dergl. entbehrlich, sobald die Gestaltverhältnisse des Stativs ohne genaue Beobachtung des Zungenendes Abweichungen von der lothrechten Aufstellung erkennen lassen. Entstehen Zweifel, ob diese Gewähr gegeben ist, so wird die Waage bei der größten Belastung zum Einspielen gebracht und das Stativ durch Veränderungen der Unterlage ein wenig geneigt. Hierauf bewirkt man durch eine Gewichtszulage, daß die Zunge, welche sich in Folge der Neigung des Stativs von der Einspielungslage entfernt hat, in diese zurückkehrt.

Von dieser Einspielungslage ausgehend, fährt man nöthigenfalls mit der Veränderung der Neigung des Stativs in demselben Sinne fort, indem man zugleich durch weitere Gewichtszulagen die Einspielungslage immer wieder herstellt, so lange, bis entweder die Neigung des Balkens oder des Stativs oder die Ablenkung der Zunge von ihrer Einspielungslage augenfällig wird.

Die Summe der bis zu dieser Veränderung der Lage erforderlich gewordenen Zulagen darf die nach §. 60 der Aichordnung berechnete Zulage nicht übersteigen. Wird diese Grenze überschritten, so ist die Waage unzulässig, so lange sie nicht mit einer anderweitigen Einrichtung der Zunge oder einem Pendelzeiger u. dergl. derart versehen ist, daß eine Veränderung der Neigung des Stativs deutlich erkennbar wird, bevor die Unrichtigkeit der Angabe sich der gedachten Grenze nähert.

Stempelung.

16. Bei kleinen Waagen ist zu beachten, daß die Stempelung des Balkenarmes eine Veränderung der Hebellängen zur Folge haben kann. Wenn daher die Ungleichheit der Hebelarme der zulässigen

Grenze so nahe kommt, daß eine Ueberschreitung derselben in Folge der Stempelung nicht ausgeschlossen ist, so ist die Waage zur Berichtigung zurückzugeben.

I b. Gleicharmige oberschalige Waagen.

17. Die Waage soll in Betreff der Konstruktionsausführung den Einrichtungen ihres Systems entsprechen. Falls sie nicht genau einer der Konstruktionsausführungen angehört, welche die „bildlichen Darstellungen" vollständig wiedergeben, so ist auf Grund der Darstellung der zulässigen Nebenarten oder Abweichungen einzelner Konstruktionstheile zu untersuchen, ob ihre Besonderheiten zulässig sind. In Zweifelsfällen ist die Aufsichtsbehörde zu fragen. *Allgemeine Prüfung.*

Auf den beiden Seiten der Waage sind ersichtliche Verschiedenheiten der Form der einzelnen Theile nur insoweit zulässig, als sie durch eine Verschiedenheit der Schalen oder an gußeisernen Balken durch Berichtigungsarbeiten gerechtfertigt sind.

Ebene Pfannen sind hier untersagt, sofern nicht gegen das Gleiten der Schneide zuverlässige Vorkehrungen getroffen sind.

Der Balken darf an den Enden gegabelt sein, auch, als zweischildiger Balken, aus zwei mit einander fest verbundenen Längsstücken bestehen. In diesem Fall bilden je zwei der in die Schilde oder Gabelenden einander gegenüber eingesetzten Schneiden zusammen eine Drehachse und sollen daher in eine gerade Linie fallen.

Befindet sich am unteren Punkt des Gehänges anstatt der Schneide ein mit dem Schalenträger verbundener Haken, welcher in eine Oese des Gehänges eingreift, so dürfen Haken und Oese, wenn sie von rundem Querschnitt sind, aus weichem Metall bestehen. Sie sollen dagegen aus gehärtetem Stahl bestehen, wenn der Haken schneidenförmig zugeschärft ist.

Sind zum Schutze gegen ein Kippen der Schalen an den Endschneiden des Hauptwaagebalkens nach unten gerichtete, sog. Gegenschneiden angebracht, an welchen die Schalen mittelst pfannenartiger Ansätze Halt finden, so soll: *Gegenschneiden.*

a. der Spielraum zwischen Gegenschneiden und Pfannen so gering sein, daß im Falle eines Wechsels im Eingriff die Lastschale eine kaum merkliche Bewegung ausführt;

b. die Gegenschneide zwischen den tragenden Endstücken der Hauptschneide liegen, wenn die Schärfen der Haupt- und Gegenschneide eine gerade Linie bilden.

Bei umgekehrter Lage des Belastungsfeldes ist die gleiche Einrichtung an der Schneide des Nebenbalkens zulässig; jedoch soll hier das zwischen Schalenträger und einer der tragenden Schneiden anzubringende Zwischengehänge an der nicht mit Gegenschneide ausgestatteten Schneide sich befinden.

Gestell und Kasten. Das Gestänge darf nicht augenfällig schief oder unsymmetrisch in das Gestell eingesetzt sein. Die Kasten müssen ein Oeffnen und eine bequeme Besichtigung der Waage gestatten. Schließt der Kasten auch die Zungeneinrichtung ein, so soll deren Einspielungsstellung mindestens von zwei sich gegenüberliegenden Seiten aus sichtbar sein.

Gestalt der Schalen. Form und Größe der Schalen unterliegen einer besonderen Prüfung nicht, wenn die Waagen der verschiedenen, nach den „bildlichen Darstellungen" zulässigen Systeme folgenden Anforderungen genügen.

a. Bei Waagen der Systeme A und B soll die längere der beiden die Schale tragenden Schneiden folgende Länge haben: bei einer größten Last von

höchstens 0,5	1	2	3	5 kg
mindestens 8	10	11	12	13 cm

und über 5 kg hinaus für jede 5 kg oder einen Bruchtheil derselben, über 30 kg hinaus für jede 10 kg oder einen Bruchtheil derselben mindestens 2 cm mehr.

Bei Waagen des Systems C soll die tragende Schneide ebenfalls eine Länge wie vorbezeichnet haben.

Die in eine Gerade fallenden Schneiden zweischildiger oder gegabelter Balken gelten als eine Schneide.

b. Bei Waagen der Systeme A und B soll der Hauptbalken, zwischen den Endschneiden gemessen, folgende Länge haben: bei einer größten Last von

höchstens 0,5	1	2	3	5 kg
mindestens 20	24	28	32	36 cm

Oberschalige Waagen.

und über 5 kg hinaus für jede 5 kg oder einen Bruchtheil derselben, über 30 kg hinaus für jede 10 kg oder einen Bruchtheil derselben mindestens 4 cm mehr.

Bei Waagen des Systems C mit nicht in der Mitte unterstützten Schalen soll der Hauptbalken, zwischen den Endschneiden gemessen, ebenfalls eine Länge wie vorbezeichnet haben. Bei Waagen dieses Systems, deren Schalen in der Mitte unterstützt sind, soll der Hauptbalken folgende Länge haben: bei einer größten Last von

höchstens 0,5	1	2	3	5 kg
mindestens 15	18	21	24	27 cm

und über 5 kg hinaus für jede 5 kg oder einen Bruchtheil derselben, über 30 kg hinaus für jede 10 kg oder einen Bruchtheil derselben mindestens 3 cm mehr. Bei allen Waagen des Systems C soll der Abstand der Führungsschneide des Schalenträgers von der tragenden Schneide, oder, falls zwei Führungsschneiden vorhanden sind, der Abstand dieser beiden von einander mindestens $1/3$ der Länge wie zuletzt bezeichnet haben.

c. Die Mitten der tragenden Schneiden sollen lothrecht über oder unter der Längsachse des Balkens liegen.

d. Bei Waagen der Systeme A und B soll auch die Mitte der Schale lothrecht über der Längsachse des Balkens liegen, und zwar über einem Punkte derselben, welcher von der längeren der tragenden Schneiden um folgenden Abstand entfernt ist: bei einer größten Last von

höchstens 1	3	10 kg
mindestens 3	4	5 cm

und über 10 kg hinaus für jede 10 kg oder einen Bruchtheil derselben, über 30 kg hinaus für jede 20 kg oder einen Bruchtheil derselben mindestens 1 cm mehr.

Bei Waagen des Systems C mit nicht in der Mitte unterstützten Schalen soll die Mitte der Schale ebenfalls lothrecht über der Längsachse des Balkens liegen, und zwar von der die Schale tragenden Schneide, in der Längsachse des Balkens gemessen, um einen Abstand wie vorbezeichnet entfernt. Bei Waagen dieses

Systems, deren Schalen in der Mitte unterstützt sind, soll die Mitte der Schale lothrecht über der Mitte der Endschneide liegen.

e. Bei den Messungen werden Bruchtheile eines Centimeter von mindestens 5 mm für voll gerechnet. Als Mitte unregelmäßig geformter Schalen gilt der Schwerpunkt, für dessen Ermittelung einfache Schätzung genügt.

Prüfung der Empfindlichkeit und Richtigkeit.

18. Man untersucht zunächst, ob die Waage, auf einer waagerechten Unterlage aufgestellt, in unbelastetem Zustande einspielt. Ist dies nicht der Fall, so ist die Waage, auch wenn die Schalen mit Tarirvorrichtungen versehen sind, zurückzugeben. Spielt dagegen die Waage ein, so sind die Schalen, falls sie vertauschbar sind, umzusetzen; wird hierdurch die Gleichgewichtslage gestört, so ist die Waage gleichfalls zurückzugeben.

Nur bei bereits gestempelten Waagen darf eine Berichtigung der Schalen auf gleiches Gewicht erfolgen, wenn dadurch ein Einspielen, bei vertauschbaren Schalen auch nach Umsetzung derselben, herbeigeführt werden kann.

Sobald die Waage, bei vertauschbaren Schalen auch nach deren Umsetzung, einspielt, bringt man zunächst auf jeder Seite die größte Last in Normalgewichten so auf die Schale, daß der Gesammtschwerpunkt nahezu über deren Mitte liegt. Die Prüfung auf Richtigkeit und Empfindlichkeit erfolgt dann wie unter Nr. 13 bezw. 14. Falls die Richtigkeit der benutzten Gewichtsstücke nicht völlig sicher erscheint, ist hier diejenige Prüfung vorzunehmen, welche gemäß Nr. 14 bei gleicharmigen Balkenwaagen in Ermangelung von Normalgewichten stattfindet.

Im Anschluß hieran werden die Leistungen der Waage bei seitlicher Stellung der Belastung geprüft. Zu dem Behuf ist $1/10$ der größten Last in Normalgewichten auf die eine Schale in der Mitte, auf die andere dergestalt aufzusetzen, daß der Schwerpunkt dieser Belastung nach einander, so genau als das Augenmaaß erkennen läßt, lothrecht über folgende Punkte zu liegen kommt:

bei Waagen der Systeme A und B über die Enden der längeren tragenden Schneide,

bei Waagen des Systems C über die Enden der tragenden

Schneide, außerdem aber, sofern die Schalen in der Mitte unterstützt sind, über zwei Punkte, welche von der Mitte der tragenden Schneide in der Richtung des Balkens nach beiden Seiten hin möglichst weit entfernt liegen, ohne daß der Rand der Gewichtsstücke über den Schalenrand hinausreicht. Gestattet Größe oder Form der Schale eine dieser Belastungen nicht, so wird, nöthigenfalls mit Beschwerung, eine Holzplatte aufgelegt und auf diese, nach genauer Tarirung, die Belastung gesetzt.

Mit der Belastung beider Schalen wird demnächst gewechselt.

Bei jeder dieser Stellungen der Belastung soll, falls die Waage nicht einspielt, zur Beseitigung der Ablenkung diejenige Zulage genügen, welche durch §. 60 der Aichordnung für die Prüfung mit $1/10$ der größten Last vorgeschrieben ist.

Zum Schlusse folgt die Prüfung mit $1/10$ der größten Last in der Mitte der Schalen, ganz wie bei gleicharmigen Balkenwaagen.

19. Der Einfluß einer Neigung des Waagengestelles wird gemäß Nr. 15 geprüft. In gleicher Weise ist auch der etwaige Einfluß solcher Neigungen des Stativs, welche rechtwinklig zu der Schwingungsebene der Waage eintreten können, zu untersuchen. Läßt sich ein erheblicher Einfluß erkennen, ohne daß die Neigung des Stativs augenfällig wird, so ist die Waage unzulässig, so lange nicht die Störung durch Konstruktionsabänderungen hinreichend vermindert oder ein Pendelzeiger u. dergl. hinzugefügt ist. Als erheblich gilt der Einfluß, wenn die Störung nicht mehr durch die nach §. 60 der Aichordnung für die Prüfung mit der größten Last berechnete Zulage ausgeglichen wird. *Prüfung der Gestelle.*

Eine Stempelung anderer Theile als des Hauptbalkens ist nur dann nöthig, wenn die gegenseitige Lage der festen Stützpunkte einer Sicherung gegen Veränderungen bedarf. Lassen sich die betreffenden Lager durch Schrauben verstellen, so ist eine Anzahl dieser Schrauben zu stempeln. *Stempelung.*

II. Ungleicharmige Waagen.

20. Ungleicharmige Balkenwaagen ohne Lastschale sollen zur Aufnahme der Last mit einem Gehänge, welches in einen Haken ausläuft, versehen sein. *Allgemeine Prüfung.*

Die Verbindung mehrerer ungleicharmiger Waagen für eine gemeinsame Belastung, welche die Tragfähigkeit einer einzelnen Waage übersteigt, ist nur dann zulässig, wenn sich die Belastung hängend unterhalb der tragenden Schneiden sämmtlicher Waagen befindet. Die Einrichtung des Lastträgers soll hierbei derart sein, daß der auf jede Waage kommende Antheil an der Gesammtlast die zulässige Belastung der einzelnen Waage nie übersteigen kann.

Brückenwaagen mit zwei Brücken, welche den Gewichtsdruck auf einen Gegengewichtshebel übertragen (z. B. zum Abwägen zweiachsiger Fahrzeuge, welche mit je einer Achse auf eine Brücke gestellt werden), sind zulässig; ebenso solche zur Abwägung von Eisenbahnfahrzeugen bestimmte Brückenwaagen, deren Brücke nur zur Aufbringung einer Achse Raum bietet und bei denen daher das Gewicht des Fahrzeuges als Summe der Gewichtsdrucke der einzelnen Achsen ermittelt wird. Doch ist bei solchen Waagen auf geeignete Hülfseinrichtungen behufs unveränderlicher Aufstellung des Fahrzeuges für die Einzelwägungen zu halten.

Das Regulirgewicht der Brückenwaagen soll den Waagebalken oder eine fest an demselben angebrachte Laufschiene derart umschließen, daß es zwar verschiebbar, aber nach jeder Verschiebung feststellbar und vom Waagebalken untrennbar ist. Die Verschiebung darf mittelst Schraubengewindes geschehen, falls Sicherheit dagegen besteht, daß Verstellungen des Gewichts nach erfolgter Regulirung nicht leicht eintreten können.

Parallelführungen der Gewichtsschalen sind im Allgemeinen nicht zulässig.

Brückenwaagen, bei denen die Brücke das Gestell erheblich überragt, sollen mit Stützeinrichtungen am Gestell versehen sein, auf welche die Brücke bei Feststellung des Gegengewichtshebels sich niedersenkt, oder denen sie dabei doch soweit sich nähert, daß der verbleibende Spielraum Kippungen oder Drehungen der Brücke während des Aufbringens der Last nicht gestattet. Nur bei Brückenwaagen mit Entlastungsvorrichtung, sowie bei Waagen, auf deren Brücke die Last auf eine bestimmte Stelle (z. B. mittelst Geleise) aufgebracht wird, bedarf es dessen nicht.

Ungleicharmige Waagen.

Erregt die allgemeine Beschaffenheit der Waage kein Bedenken, so wird die Waage in unbelastetem Zustande, jedoch mit allen zur Aufbringung der Last und der Gewichte bestimmten Einrichtungen, unter Anwendung der zur Tarirung der Brücken u. s. w. oder des Balkens vorhandenen Einrichtungen oder mit vorläufigen Tarirungs= mitteln zum Einspielen gebracht.

Prüfung der Empfind= lichkeit und Richtig= keit.

Hierauf wird die größte Last, thunlichst in Normalgewichten, auf die Lastseite gebracht. Auf die Gewichtsschale bringt man in Normalgewichten bei Dezimalwaagen $1/10$, bei Centesimalwaagen $1/100$ der größten Last auf. Bei Brückenwaagen, deren Gegengewichts= hebel auf der Gewichtsseite verzweigt ist, werden die für die Gewichts= seite bestimmten Normalgewichte nicht in der Mitte, sondern nach einander zu jeder der beiden Seiten des Balkens, in der äußersten Stellung aufgebracht, welche ohne Ueberschreitung des Schalenrandes möglich ist.

Mit Anwendung der für ungleicharmige Waagen vorgeschriebenen Gewichtszulage, welche nach einander ihrem vollen Betrage nach auf der Lastseite, zu ihrem zehnten bezw. hundertsten Theil auf der Ge= wichtsseite hinzuzufügen ist, untersucht man nun, wie unter Nr. 13, ob die Waage die erforderliche Empfindlichkeit besitzt, ferner, ob ihre mit 10 bezw. 100 multiplizirte Gewichtsangabe richtig ist. Ist beides der Fall, so wird dieselbe Prüfung unter Anwendung von $1/5$ der für die größte Last vorgeschriebenen Gewichtszulage bei einer Belastung mit $1/10$ der größten Last wiederholt.

Jede dieser Prüfungen ist mindestens einmal zu wiederholen und muß dann Uebereinstimmung der Ergebnisse zeigen. Vor jeder Wieder= holung ist behufs Prüfung der etwa vorhandenen Entlastungsvor= richtung die Waage wirklich zu entlasten; nur die kleinen Zulagen zur Wiederholung der Empfindlichkeitsprüfung werden ohne zwischen= liegende Entlastung aufgebracht.

Genügt die Waage bei einer der Belastungen nicht, so ist sie ohne Weiteres zurückzugeben. Genügt sie, so ist sie, falls sie zu den ungleicharmigen Balkenwaagen gehört, stempelfähig, und es ist nur noch, wenn die Waage keine Tarirvorrichtungen besitzt, die etwa er= forderliche Tarirung in unbelastetem Zustande auszuführen.

Ungleicharmige Waagen.

Zusätzliche Prüfung.

Bei Brückenwaagen ist dagegen die Richtigkeit und Empfindlichkeit noch zusätzlich wie folgt zu prüfen:

a. Hat die Brücke eine viereckige (rechteckige oder trapezförmige) Gestalt mit ebener Bodenfläche, so wird auf die Brücke in vier Stellungen, nämlich in jeder Diagonale um $1/4$ der letzteren von deren Endpunkt entfernt, $1/10$ der größten Last, jedoch nicht über 500 kg, in Normalgewichten dicht an und nöthigenfalls über einander aufgesetzt; die Gewichtsschale wird mit Normalgewichten entsprechend belastet. Bei jeder dieser Stellungen soll, falls die Waage nicht einspielt, zur Beseitigung der Ablenkung diejenige Zulage genügen, welche durch §. 60 der Aichordnung für die Prüfung mit $1/10$ der größten Last vorgeschrieben ist.

Auch bei abgeschrägten oder abgerundeten Ecken unterliegen viereckige Brücken dieser Prüfung. Klappen, Laden oder ähnliche, die Brückenfläche vergrößernde Vorrichtungen bleiben außer Betracht.

b. Hat die Brücke eine andere als viereckige Gestalt oder eine gerundete Bodenfläche, so ist zunächst festzustellen, ob die Länge ihres Gegengewichtshebels die Hälfte derjenigen Länge hat, welche unter Nr. 17 für den Hauptbalken oberschaliger Waagen verlangt ist, und ob die tragenden Schneiden und die Lage der Brücke den ebendort aufgestellten Anforderungen entsprechen. Ist dies der Fall, so wird die Waage auf ihrer Lastseite derselben Prüfung unterworfen, welche für beide Seiten der oberschaligen Waagen angeordnet ist. Je nachdem die Brücke auf zwei Schneiden oder auf einer Schneide ruht, kommen die für oberschalige Waagen der Systeme A und B oder des Systems C getroffenen Bestimmungen in Betracht.

c. Ist die Brücke ersichtlich zum Aufbringen fahrbarer Lasten (Eisenbahnwagen u. s. w.) bestimmt, so erfolgt die Prüfung derart, daß eine der größten Belastung nahekommende Last in den beiden äußersten Stellungen, welche bei dem bestimmungsmäßigen Gebrauch der Waage vorkommen, aufgefahren wird. In diesen Stellungen darf weder die Angabe der Waage um mehr als die Fehlergrenze verschieden, noch auch die Empfindlichkeit geringer sein, als für die größte Last vorgeschrieben ist.

Ungleicharmige Waagen.

21. Sind bei ungleicharmigen Waagen für sehr große Belastungen nicht genug Gewichtsstücke für die vorgedachten Prüfungen vorhanden, so genügt es, nur einen Theil der Belastungen aus Gewichtsstücken, den anderen aus Tarirmaterial zusammenzusetzen. Das Verfahren ist alsdann folgendes. *Prüfung bei sehr großen Belastungen.*

Nach Aufbringung desjenigen Theils der Belastung, welcher sich nicht aus Gewichtsstücken herstellen läßt, bringt man die Waage durch Tarir- oder Gewichtsmaterial zum Einspielen. Hiernach fügt man auf der Lastseite soviel Normalgewichte, daß die größte Belastung nahezu erreicht wird, und auf der Gewichtsseite $1/10$ bezw. $1/100$ des Gesammtbetrages jener Normalgewichte ebenfalls in Normalgewichten hinzu. Zur Prüfung der Empfindlichkeit dient jetzt die vorgeschriebene Zulage für die größte Last. Bei Prüfung der Richtigkeit ist dagegen nur diejenige Zulage anzuwenden, welche dem Gewichtsbetrage der aufgebrachten Normalgewichte entspricht; der Ausschlag der Waage darf dann mit Hülfe von fühlhebelartigen Ansätzen beobachtet werden, welche nur zu diesem Zweck an der Waage anzubringen sind, und es gelten die Hebelverhältnisse als richtig, wenn bei wiederholter Aufbringung und Abnahme der Zulage die Ablesung nahezu denselben Ausschlag ergiebt. Nach der Belastung mit Tarirmaterial und vor Aufbringung der Normalgewichte ist keine Entlastung vorzunehmen.

Ist die Waage nicht empfindlich genug, um auf die gemäß dem Obigen nach dem Gesammtbetrag der Normalgewichte allein bemessene Zulage überhaupt einen Ausschlag zu geben, so hat man sich durch Abwägung weiterer Belastungsstücke auf einer geprüften Hülfswaage noch soviel Material von bekanntem Gewicht zu beschaffen, bis die nach den Normalgewichten und zugewogenen Stücken zusammen bemessene Zulage groß genug geworden ist, um die Waage deutlich abzulenken. Diese Abwägung weiteren Belastungsmaterials wird bis zum vollen Betrage der größten Last auszudehnen sein, wenn sich herausstellt, daß die Waage gerade nur die vorschriftsmäßige Empfindlichkeit hat. Der aus bekanntem Gewicht bestehende Theil der Gesammtbelastung soll aber niemals weniger als $1/20$ der größten Last betragen und soweit aus Normalgewichten zusammengesetzt sein, als solche überhaupt zur Verfügung stehen. *Hülfswaagen.*

Als **Hülfswaage** dient eine Dezimal-Balkenwaage oder, bei Waagen für Belastungen über 10000 kg, eine Dezimal-Brückenwaage. Diese Hülfswaagen sollen eine Fehlergrenze von $1/5000$ einhalten, ihre Richtigkeit ist jedesmal **vor** der Anwendung und womöglich zur Kontrole auch **nachher** mit derselben Genauigkeit zu prüfen.

In Fällen, in denen der Transport der nöthigen Zahl von Gewichtsstücken oder der Dezimal-Brückenwaage Schwierigkeiten unterliegt, in denen aber eine als Hülfswaage geeignete Dezimal-Brückenwaage nebst einigem Gewichtsmaterial am Aichungsorte zur Verfügung steht, ist es zulässig, mittelst einer tragbaren, als Hülfswaage geprüften Dezimal-Balkenwaage und einem einzigen 5 kg-Stück erst den Fehler der Dezimal-Brückenwaage zu bestimmen und dann das Verfahren mittelst der letzteren durchzuführen. Jedoch soll der Fehler des 5 kg-Stückes mit der für Kontrolnormale vorgeschriebenen Genauigkeit bekannt und der Fehler der Dezimal-Balkenwaage vor und nach der Anwendung, wenn möglich innerhalb $1/10000$, bestimmt sein.

Gewichts-
geräth-
schaften.

Wenn es sich um die Aichung großer Centesimalwaagen handelt, ist die Anwendung einer ohne **jedesmalige Prüfung** brauchbaren Gewichtsgeräthschaft von ähnlicher Beschaffenheit wie die hauptsächlich abzuwägenden Gegenstände, allein oder in Verbindung mit Normalgewichten, unter folgenden Bedingungen zulässig:

a. Die Gewichtsgeräthschaften, z. B. Hülfslastschalen, schwere Metallkörper oder sog. Tarirwaggons, sollen auf ihr Gewicht in nicht zu langer Frist vor der Anwendung entweder von einer Aichungs-Aufsichtsbehörde oder von einem durch eine solche ausdrücklich ermächtigten Aichungsbeamten geprüft sein. Die Beglaubigung des Gewichts soll stets von der Aufsichtsbehörde auf Grund eines Wägungsprotokolls ausgefertigt sein. Diese Gewichtsbestimmung hat unter Anwendung einer Hülfswaage, wie vorher beschrieben, mit einer Genauigkeit zu erfolgen, welche die Einhaltung eines Fehlers von $1/3000$ bei der Anwendung der Geräthschaft verbürgt.

b. Das Material und die Zusammensetzung der Geräthschaft soll so beschaffen sein, daß durch Einfluß der Luft, der Feuchtigkeit

u. f. w. sowie des Transportes das Gewicht während angemessener Zeiträume nur um Bruchtheile der erwähnten Genauigkeit verändert werden kann. Daher ist die Verwendung von Holz und ähnlichen Materialien auf das geringste Maaß einzuschränken, Anzahl und Gewichtsbetrag aller leicht abnehmbaren Theile in engen Grenzen zu halten, loses Material, mittelst dessen man das Gewicht der Geräthschaft verändern will, durch besondere Einrichtung und Bezeichnung der einzelnen Stücke in seiner Zugehörigkeit und nach dem Gewichtsbetrage zu kennzeichnen, auch vor Veränderungen zu schützen.

Der Beglaubigungsschein über die Geräthschaft soll ein Verzeichniß des abnehmbaren Materials, unter Kennzeichnung der Anzahl und Beschaffenheit der Stücke und ihrer Gewichtsbeträge, enthalten.

c. Hat eine Gewichtsgeräthschaft bereits mehrere beglaubigte Gewichtsbestimmungen erfahren, so sollen die Ergebnisse mit allen zugehörigen Vermerken, insbesondere über die zwischen den einzelnen Gewichtsbestimmungen vorgekommenen Aenderungen der Geräthschaft, dem aichenden Beamten vorgelegt werden.

Für jede Geräthschaft soll je nach der Anwendung und Behandlung der Zeitraum für eine regelmäßige Wiederholung der Beglaubigung bemessen werden. Auch ist, sobald eine größere Reihe von Waagen geprüft worden ist, möglichst unmittelbar nachher die Gewichtsbestimmung zu wiederholen. Tarirwaggons sollen alljährlich einer neuen Beglaubigung unterliegen.

Bei der Prüfung von Centesimal=Balkenwaagen (Krahnwaagen) für sehr große Belastungen ist es zulässig, statt der Gewichtsgeräthschaften ein System von Belastungshebeln von geeigneter Verjüngung zur Anwendung zu bringen, mit dessen Hülfe das Hebelverhältniß der Waagen unter Anwendung einer kleinen Anzahl von Normalgewichten geprüft wird. *Hebelapparate.*

Einrichtung und Gebrauch eines derartigen Hebelapparates ist aus der Instruktion zu ersehen.

Das bei der Herstellung der größten Belastung aus Stücken von bekanntem Gewicht oder für die Prüfung der Gewichtsgeräthschaften oder Hebelapparate erforderliche Material an Gewichts= *Gewichtsmaterial.*

112 Ungleicharmige Waagen.

ober Tarirſtücken iſt von den Betheiligten bereit zu ſtellen, während die Hülfswaage ſowie das für die ſonſtigen Prüfungen erforderliche Material an Normalgewichten zur Ausrüſtung der Aichungsſtellen gehört.

Reihenfolge der Prüfungen. Die Reihenfolge der Prüfungen ſoll auch bei den größeren Waagen ſo ſein, daß erſt nach der Prüfung mit der größten Laſt die Prüfung mit dem zehnten Theile vorgenommen wird. Jedoch iſt bei Waagen für eine größte Laſt von mehr als 500 kg eine Vorprüfung mit $\frac{1}{10}$ der größten Laſt geſtattet; ergiebt ſich ſchon hierbei die Vorſchriftswidrigkeit der Waage, ſo iſt die Prüfung abzubrechen.

Balken- und Brückenwaagen mit Hülfslaufgewicht. 22. Die Richtigkeit und Empfindlichkeit von Waagen mit Hülfs-Laufgewicht und -Skale wird, nachdem die vorhandenen Laufgewichte auf den Nullpunkt ihrer Skalen eingeſtellt ſind, ebenſo wie bei ungleicharmigen Waagen unterſucht. Die Hülfseinrichtung wird wie folgt geprüft.

Nachdem die Eintheilung der Hülfsſkalen auf ihre Regelmäßigkeit und die Ableſungseinrichtung der Laufgewichte auf ihre Vorſchriftsmäßigkeit unterſucht iſt, wird $\frac{1}{10}$ der größten Laſt in Tarir- oder Gewichtsmaterial auf die Waage gebracht, während ſämmtliche Hülfs-Laufgewichte auf den Nullpunkt eingeſtellt ſind. Alsdann wird durch Aufſetzen von Normalgewichten auf die Gewichtsſchale, nöthigenfalls unter Hinzufügung oder Hinwegnahme von Tarirmaterial, die Waage zum Einſpielen gebracht. Hierauf wird das Laufgewicht der zunächſt zu prüfenden Skale ſo verſchoben, daß ſeine Ableſungsmarke auf dem letzten Theilſtrich einſteht.

Um die Waage jetzt zum Einſpielen zu bringen, iſt auf der Laſtſeite der der Bezeichnung des letzten Theilſtriches der Skale entſprechende Betrag in Normalgewichten hinzuzufügen oder auf der Gewichtsſeite bei Dezimalwaagen $\frac{1}{10}$, bei Centeſimalwaagen $\frac{1}{100}$ deſſelben Betrages in Normalgewichten hinwegzunehmen. Spielt die Waage dann nicht ein, ſo iſt die Hülfsſkale nur zuläſſig, wenn diejenige Gewichtsveränderung auf der Laſtſeite, welche die Waage zum Einſpielen bringt, die für die Hauptprüfung mit $\frac{1}{10}$ der größten Laſt beſtimmte Zulage nicht überſteigt. Wenn die Gewichtsveränderung letztere Grenze nahe erreicht, ist die Skale nur zulässig, wenn vorher bei der Hauptprüfung mit $1/10$ der größten Last nicht auf derselben Seite eine Zulage erforderlich war.

Ebenso wird bei den übrigen zu prüfenden Hülfsskalen verfahren.

23. Ungleicharmige Balkenwaagen sind am Hauptwaagebalken zu stempeln. *Stempelung.*

Im Falle der unter Nr. 20 zugelassenen Verbindung mehrerer ungleicharmigen Waagen zwecks gemeinsamer Belastung ist jede Waage für sich zu stempeln, auch wenn die Waagen gemeinsam nur eine Gewichtsschale tragen.

Bei Brückenwaagen, bei denen ein Traghebel zu stempeln ist, gelten als Traghebel im Gegensatze zu dem Gegengewichtshebel und zu dem sog. Uebertragungshebel diejenigen Hebel, welche allein oder mit dem Gegengewichtshebel zusammen die Brücke tragen und vorzugsweise die Parallelführung bewirken.

III. Laufgewichtswaagen.

24. Die Untersuchung, ob die Skalen ohne Eintheilungsfehler sind, erfolgt mit Stangenzirkel oder Maaßstab. Es kommt darauf an, daß die sämmtlichen Theilstriche eine richtige Lage zu denjenigen Theilstrichen haben, auf welche das Laufgewicht bei der Prüfung der Richtigkeit der Waage eingestellt wird, nämlich zu dem Endstrich, welcher die größte Belastung und zu demjenigen Strich, welcher $1/10$ dieser Belastung angiebt. Gehören die Ablesungen für beide Belastungen nicht derselben Skale an, oder sind überhaupt mehrere Skalen vorhanden, so wird noch die Endmarke und eine der Anfangsmarke nahe Marke jeder einzelnen Theilung mit Hülfe von Normalgewichten geprüft und dann durch Abmessung untersucht, ob das Intervall zwischen den beiden so geprüften Marken richtig eingetheilt ist. *Skalenprüfung.*

Zulässig sind nur Eintheilungen des Kilogramm nach
$1/2$, $1/5$, $1/10$, $1/20$, $1/50$, $1/100$, $1/200$, $1/500$, $1/1000$.

25. Zur Untersuchung, ob die Ablesungsmarke unzweideutige Ablesungen ermöglicht, wird zunächst ermittelt, ob verschiedene Stellungen des Auges verschiedene Ablesungen zur Folge haben; *Prüfung der Ablesungsmarke.*

sodann, ob die ganze, die Ablesungsmarke enthaltende Laufgewichtseinrichtung sich so an den Waagebalken anschließt, daß nicht verschiedene Stellungen zum Balken möglich sind, bei welchen die Ablesung sich ohne Veränderung der Belastungsverhältnisse verändert und umgekehrt.

Einrichtungen zur Registrirung der Stellung des Laufgewichts sind unbedenklich, wenn die Genauigkeit der Wägungen dadurch nicht leidet und die Gewichtsangaben auch unabhängig von der Registrirung an den Skalen abgelesen werden können. Bei der Prüfung der Registrireinrichtung ist zu untersuchen, ob die registrirten Angaben mit der Ablesung der Skalen übereinstimmen; dies geschieht, o h n e W ä g u n g, unter Einstellung der Laufgewichte auf die betreffende Skalenangabe von beiden Seiten her.

Einfache Balkenwaagen mit Laufgewicht.

26. Waagen, welche wie Ständerwaagen aufgestellt sind, dürfen ebenfalls ein Laufgewicht tragen.

Das Laufgewicht darf abnehmbar sein, wenn sonst die Waage nicht in vollem Umfange gebrauchsfähig sein würde. Bei abnehmbaren Laufgewichtshülsen darf an dem die Skale enthaltenden Balkenende eine um einen Zapfen drehbare Platte von gleichem Querschnitt mit dem Balken vorgesetzt sein, die, um einen rechten Winkel gedreht, einen Anschlag für das gleitende Gewicht bildet. Zapfen und Platte dürfen nicht abnehmbar sein.

Ist das Gewicht der Hülse mit Einschluß des Gehänges und des Laufgewichts auf der Hülse oder auf dem Laufgewicht, oder ist das Gewicht einer abnehmbaren Waageschale oder einer anderen Anhängevorrichtung mit Einschluß der Ketten, Oesen und Gehänge auf der Anhängevorrichtung angegeben, so soll das wirkliche Gesammtgewicht der betreffenden Theile von dem angegebenen Gewichte nicht um mehr als $1/1000$ des letzteren abweichen.

Prüfungsverfahren.

Die Prüfung der Empfindlichkeit und Richtigkeit erfolgt, indem man in Normalgewichten die größte Belastung aufsetzt und die Ablesungsmarke des Laufgewichts auf die letzte Theilungsmarke einstellt. Die Gewichtsveränderung auf der Lastseite, welche dann einen Ausschlag der Waage hervorbringt oder eine Abweichung von der Einspielungslage beseitigt, darf die vorgeschriebene Gewichtszulage nicht übersteigen. Sodann wird in Normalgewichten $1/10$ der größten Belastung aufgesetzt und die Ablesungsmarke des Laufgewichts auf die entsprechende Theilungsmarke eingestellt. Die Gewichtsveränderung, welche dann die vorgedachten Wirkungen herbeiführt, darf $1/5$ der bei der größten Belastung vorgeschriebenen Gewichtszulage nicht überschreiten.

Sind zwei Skalen vorhanden, und sind danach gemäß Nr. 24 noch zwei andere Theilungsmarken außer denjenigen, welche der größten Last und $1/10$ der letzteren entsprechen, auf die Richtigkeit zu prüfen, so sind die Gewichtszulagen, durch welche etwaige Abweichungen von der Einspielung ausgleichbar sein sollen, gleich der für die größte Last oder für ihren zehnten Theil vorgeschriebenen Zulage zu wählen, je nachdem die Theilungsmarke näher an der Skalenangabe der größten Last oder an derjenigen ihres zehnten Theiles liegt.

27. Laufgewicht und Skale sollen hier folgenden Anforderungen genügen:

a. Die Längsachse der Skale soll mit der durch die Schneiden des Balkens bestimmten Ebene und mit der Verschiebungslinie des Schwerpunktes des Laufgewichts nahe zusammenfallen.

b. Sind mehrere Laufgewichte vorhanden, so genügt es, wenn das Hauptlaufgewicht mit seiner Skale den Bedingungen unter a entspricht, vorausgesetzt, daß die übrigen Skalen in so kleinem Abstande parallel laufen, als die sonstigen Einrichtungen es irgend zulassen.

c. Die Laufgewichte sollen eine kleine Oberfläche haben. Bezüglich des Materials und der Oberflächenbeschaffenheit sollen sie den Handelsgewichten entsprechen.

d. Die Skalen sollen stark genug sein, um Gestaltveränderungen in Folge von Durchbiegungen zu verhüten.

e. Die Skalen und die mit ihnen in Berührung befindlichen Innenflächen der Hülsen oder Laufgewichte sollen glatt bearbeitet sein. Die Handhabung der Laufgewichte, welche auf gekerbten Skalen verschiebbar sind, soll derart sein, daß kein Schleifen der in die Kerben einfallenden Schneiden stattfindet.

116 Laufgewichtswaagen.

f. Die Form der Einschnitte bei gekerbten Skalen soll eine Abnutzung, welche gröbere Verschiedenheiten der Stellung des Laufgewichts zur Folge hat, nicht besorgen lassen.

g. Handgriffe u. dergl., zur Fortbewegung des Laufgewichts, zum Aufdrucken des Registrirergebnisses u. s. w. sollen nur in einer zur Verschiebungsrichtung des Laufgewichts rechtwinkligen Ebene beweglich sein. Ihre Einrichtung soll stärkere Abnutzungen ausschließen.

h. Die Lagerung und Führung eines Laufgewichts und der in einem Laufgewicht verschiebbaren Nebenskalen soll so sein, daß das Laufgewicht eine völlig gesicherte Stellung auf der Skale einnimmt.

i. Geht das Laufgewicht auf Rollen, so sollen entweder zwei Rollen in genügendem Abstande von einander, oder es soll eine Rolle angewendet sein, deren Achse so angeordnet ist, daß ein Ueberkippen des Laufgewichts von selbst nicht eintreten kann.

k. Ebenso dürfen Nebenskalen, welche im Laufgewicht selbst ihre Führung haben, die Lage des Laufgewichts nicht ändern, wenn man sie in ihre äußersten Stellungen bringt. Auch dürfen sie in ihren Führungen nicht schlottern.

l. Ist bei Laufgewichten auf gekerbten Skalen der Einfallzahn durch eine Feder mit dem Laufgewicht verbunden, so darf diese Feder nicht so stark sein, daß sie das Laufgewicht einseitig anhebt. Dient der Einfallzahn als einer der Unterstützungspunkte des Laufgewichts, so soll er ohne Feder fest mit dem Laufgewicht verbunden sein.

m. Der Einfallzahn sowie alle sonstigen an dem Laufgewicht befestigten Theile dürfen nicht abnehmbar sein; nöthigenfalls ist ihre Verbindung mit dem Laufgewicht durch Stempelung zu sichern.

Prüfungsverfahren. Die Prüfung der Richtigkeit erfolgt mit Normalgewichten gemäß Nr. 26. Hierbei darf als größte Gewichtsangabe, wenn eine oder mehrere Nebenskalen vorhanden sind, die Angabe des letzten Theilstriches der Hauptskale angenommen werden, sobald der Gesammtbetrag der Gewichtsangaben der Nebenskalen $1/20$ der größten Angabe der Hauptskale nicht übersteigt. Anderenfalls sollen bei der Hauptprüfung mit der größten Last die sämmtlichen Laufgewichte auf dem letzten Theilstriche ihrer Skale einstehen. Bei der Prüfung mit

$^1/_{10}$ der größten Last sollen alle Laufgewichte an den Nebenskalen auf Null stehen.

Wenn nicht genug Normalgewichte vorhanden sind, um die größte Belastung zum Zweck der Richtigkeitsprüfung herzustellen, so richtet sich die Prüfung nach der Empfindlichkeit der Waage. Ist diese nicht so groß, wie weiter unten vorausgesetzt wird, so erfolgt hier die Prüfung mittelst Hülfswaagen oder Gewichtsgeräthschaften gemäß den Bestimmungen unter Nr. 21.

Genügt dagegen die Empfindlichkeit, so wird die Skaleneintheilung der Waage selber zur Bestimmung des Gewichts eines für die Prüfung bei der größten Belastung ausreichenden Materials benutzt, nachdem man $^1/_{10}$ der größten Last in Normalgewichten zur Stelle gebracht oder mit einer Dezimalwaage ein Gewichtsmaterial hergestellt hat, welches mit den Normalgewichten zusammen $^1/_{10}$ der größten Last erreicht.

Man bringt dann diesen Theil der größten Last auf die Lastseite und liest, sobald die Waage einspielt, die Stellung der Laufgewichte an den Skalen ab. Hierauf bringt man an Stelle des Gewichtsmaterials auf die Lastseite geeignetes Belastungsmaterial in solchem Betrage, daß die Waage bei unveränderter Laufgewichtsstellung einspielt. Alsdann fügt man das Gewichtsmaterial zu diesem Belastungsmaterial wieder hinzu, und bringt nun durch weitere Verschiebung der Laufgewichte die Waage zum Einspielen. Weiterhin ersetzt man das Gewichtsmaterial durch ein zweites Belastungsmaterial so, daß bei unveränderter Laufgewichtsstellung die Waage wiederum einspielt.

Diese Abwägung mit Hülfe des Gewichtsmaterials und der Skaleneintheilung führt man zehnmal aus, worauf sich die größte Last in zugewogenem Material auf der Lastseite befindet. Der Unterschied zwischen der letzten Skalenablesung und dem Gewichtsbetrage der Last stellt die Abweichung der Waage von der Richtigkeit dar. Gleichzeitig haben die Theilwägungen Aufschluß über die Richtigkeit der Eintheilung der Hauptskale gegeben.

Das ganze Verfahren ist aber nur dann zulässig, wenn nicht allein bei der ersten Abwägung von Belastungsmaterial, sondern auch bei dem allmäligen Anwachsen der Belastung bis zur größten Last die Waage eine solche Empfindlichkeit besitzt, daß jede einzelne Belastung mit einer Fehlergrenze von $^1/_{10000}$ der größten Last abgewogen werden kann. Von der Einhaltung dieser Grenze überzeugt man sich dadurch, daß man nicht nur den Ausschlag der Waage für eine Zulage von $^1/_{10000}$ der größten Last, erforderlichenfalls unter Anwendung der nach Nr. 21 zulässigen fühlhebelartigen Ansätze, bei jeder Theilwägung beobachtet, sondern auch jede Theilwägung durch Hinwegnahme und Wiederaufbringung von Material mindestens einmal wiederholt. Die Ergebnisse der einzelnen Wiederholungen sollen von ihrem Durchschnittsergebniß nicht um mehr als $^1/_{10000}$ der größten Last abweichen; das Durchschnittsergebniß bestimmt jedesmal diejenige Stellung der Laufgewichte, von welcher man bei der nächsten Theilwägung ausgeht.

Bei allen diesen Abwägungen ist eine Entlastung der Waage zu vermeiden. Die Aufbringung und Hinwegnahme der Belastungen ist daher mit Vorsicht ohne Gefährdung der Schneiden zu bewirken.

Unzulässig sind solche Prüfungen, bei welchen man sich durch Aufbringung eines Theiles der größten Last in Normalgewichten eine Kontrole der Richtigkeit lediglich eines Abschnittes der Skaleneintheilung verschafft und dann die übrigen Skalenangaben durch lineare Vergleichung mit jenem Abschnitte prüft.

<small>Prüfung von Nebenskalen.</small>

28. Die Prüfung einer Nebenskale geschieht, wenn deren Eintheilung hinreichend regelmäßig befunden ist, folgendermaßen.

Unter Einstellung des Laufgewichts der Nebenskale auf den Nullpunkt und des Laufgewichts der Hauptskale auf denjenigen Strich, welcher $^1/_{10}$ der größten Last entspricht, setzt man die, letzterer Skalenangabe entsprechende Belastung in Gewichts- oder Tarirmaterial auf die Waage und bringt diese zum Einspielen. Hierauf stellt man das Laufgewicht der Hauptskale auf denjenigen Theilstrich ein, dessen Gewichtsangabe um die volle Gewichtsangabe der Nebenskale kleiner ist, als die vorherige Angabe der Hauptskale, und verschiebt zugleich das Laufgewicht der Nebenskale so, daß es auf dem Endstrich der Skale einsteht. Die Gewichtsveränderung, welche jetzt die Waage zum Einspielen bringt, darf die für die Prüfung der Waage mit $1/10$ der größten Last vorgeschriebene Zulage nicht übersteigen.

Zur Kontrole der Eintheilung der Hauptskale wird nunmehr die Nebenskale auch noch gemäß Nr. 22 geprüft; die beiden Ergebnisse sollen bis auf Bruchtheile der vorgedachten Zulage übereinstimmen.

In derselben Weise kann man alle weiteren Nebenskalen mit Hülfe der Skale für die nächstgrößeren Ablesungs=Abstufungen prüfen, während sich auf der Lastseite der Waage unverändert $1/10$ der größten Last befindet.

Wenn bei einer der Nebenskalen die zum Einspielen erforderliche Gewichtsveränderung dem Grenzwerth nahe kommt, so ist die Waage nur dann zulässig, wenn vorher bei der Prüfung der Richtigkeit der Waage mit $1/10$ der größten Last nicht auf derselben Seite eine Zulage erforderlich war.

29. Hülfsgewichtsschalen, welche bei zusammengesetzten Balken- und bei Brückenwaagen mit Laufgewicht und Skale zur Ermittelung des Gewichts eines Theiles der Belastung zulässig sind, dürfen nur an Hebellängen mit centesimalem Verhältniß der Last zum Gewicht angebracht werden. *Prüfung von Hülfs= gewichts= schalen.*

Die Prüfung solcher Einrichtungen geschieht, indem man die Waage unter Aufsetzung von $1/10$ der größten Last zum Einspielen bringt und dann auf die Hülfsgewichtsschale möglichst große Normal= gewichtsstücke, soviel als neben einander Platz haben, aufsetzt, das 100fache des Gesammtbetrages aber ebenfalls in Normalgewichten auf die Lastseite der Waage setzt. Die Zulage, welche jetzt die Waage zum Einspielen bringt, darf die für die Prüfung der Waage mit $1/10$ der größten Last vorgeschriebene Zulage nicht übersteigen.

Uebersteigt der Betrag des auf die Lastschale aufgebrachten Hülfsgewichts $1/20$ der größten Last, so ist bei der Hauptprüfung der Waage auch das Hülfsgewicht aufzubringen und demgemäß die= jenige Last in Normalgewichten aufzulegen, welche der größten Skalenangabe und dem Hülfsgewichte entspricht.

30. Zu Berichtigungen von Laufgewichtswaagen sind die Aichungs= stellen, wenn es sich um Balkenwaagen handelt, nach den für diese gegebenen Vorschriften verpflichtet. *Berich= tigung.*

B. Präzisionswaagen.

Prüfung. 31. Bei Präzisionswaagen dürfen die Pfannen, aber nicht die Schneiden, aus härterem Material als Stahl, z. B. aus Achat, hergestellt sein. In Betreff der Prüfung sowie der Berichtigung gelten die Vorschriften in Nr. 1 bis 15; doch bedarf es stets einer Wiederholung der Prüfungen unter Nr. 12 bis 15. Die bei der Prüfung zu benutzenden Normalgewichte sollen die Fehlergrenzen der Gebrauchsnormale für Präzisionsgewichte einhalten.

Obgleich bei sachverständiger Handhabung der Präzisionswaagen durch Wägung mit Tara oder durch Umsetzung von Gewicht und Last die jeweilige Unrichtigkeit der Waage für das Wägungsergebniß unschädlich gemacht werden kann, soll doch die Prüfung auch für eine weniger kundige Handhabung gehörige Leistungsfähigkeit verbürgen. Richtigkeit und Empfindlichkeit sind daher nach den allgemeinen Regeln, die Empfindlichkeit insbesondere ohne Rücksicht auf vorhandene feinere Ablesungs- oder Einspielungseinrichtungen in derselben Weise wie nach Nr. 13 zu prüfen.

Zusätzliche Prüfung. Außerdem aber soll die Prüfung sich auch auf die Regelmäßigkeit der Angaben erstrecken. Dies geschieht dadurch, daß man sowohl mit der größten Last als auch mit $1/10$ derselben wiederholte Abhebungen und Wiederaufsetzungen der Belastung ausführt und dabei das Einspielen der Waage beobachtet. Eine Präzisionswaage soll hierbei so regelmäßig und genau in die Einspielungslage zurückkehren, daß alle Abweichungen der Gleichgewichtslagen von einander durch Gewichtsbeträge ausgeglichen werden, welche den durch §. 62 der Aichordnung bestimmten Zulagen nicht nahe kommen; zugleich soll keine der Gleichgewichtslagen eine Abweichung von der Einspielungslage zeigen, welche nicht durch diese Zulagen ausgeglichen wird.

Korrektureinrichtungen. Korrektureinrichtungen, welche eine Veränderung der gegenseitigen Lage der Schneiden oder eine veränderliche Tarirung des Balkens ermöglichen, sind ausgeschlossen. Dagegen sind Einrichtungen zur Korrektur der Empfindlichkeit zulässig, sofern sie lediglich aus einem nicht abnehmbaren, in der durch die Mittelschneide gelegten Halbirungsebene des Balkens mittelst einer Schraube verstellbaren

Gewichte bestehen; sie dürfen aber weder in der tiefsten Stellung des Gewichts die Empfindlichkeit unter das erforderliche Maaß vermindern, noch in der höchsten Stellung die Waage in den labilen Gleichgewichtszustand überführen, noch endlich während der Verschiebung in Folge excentrischer Lage des Schwerpunktes das Gleichgewicht des Balkens stören. Um diese Bedingungen zu prüfen, wird die Rückkehr des unbelasteten Waagebalkens in die Gleichgewichtslage bei der höchsten und bei der tiefsten Stellung des Korrekturgewichts beobachtet; dabei dürfen keine Verschiedenheiten der Gleichgewichtslagen sich ergeben. Sodann wird bei der Prüfung mit der größten Belastung das Korrekturgewicht in seine tiefste Stellung gebracht. Nachdem endlich bei unveränderter Stellung des Korrekturgewichts auch die Prüfung mit $1/10$ der größten Last stattgefunden hat, ist dem Korrekturgewicht eine halbe und eine viertel Drehung um die Schraubenachse zu geben; hierbei darf sich keine Veränderung der Gleichgewichtslage ergeben, welche nicht durch einen kleinen Bruchtheil der durch §. 62 der Aichordnung bestimmten Zulage ausgeglichen wird.

32. Die Stempelung erfolgt nach dem für Präzisionslängenmaaße vorgeschriebenen Aetzverfahren.

Stempelung.

C. Geringere Waagen.

44. Neigungs- und Federwaagen, welche von den ausdrücklich zugelassenen Konstruktionsausführungen abweichen, werden für die nebenbezeichneten Zwecke unter entsprechenden Bedingungen zugelassen, wenn dieselben die Prüfungsanforderungen erfüllen und eine augenblickliche Ablesung des Gewichts der Last gewährleisten.

Waagen für Reise- und Postgepäck.

Die Prüfung auf die Richtigkeit und Empfindlichkeit erfolgt derart, daß die Waage unter Anwendung der vorhandenen Tarirungseinrichtungen zunächst zum Einspielen gebracht und sodann mit der größten Belastung in Normalgewichten versehen wird. Die Angabe des Zifferblattes oder der Skale muß dabei innerhalb der Fehlergrenze richtig sein. Sodann wird auch mit $1/10$ der größten Last untersucht, ob die Ablesungseinrichtung richtige Angaben macht.

Bei Federwaagen ist hierauf die größte Belastung abermals

aufzubringen und mindestens 30 Minuten auf der Waage zu belassen, nach Abnahme dieser Belastung aber die Prüfung der Ablesungseinrichtung bei $^1/_{10}$ der größten Last mit Normalgewichten zu wiederholen; die Angaben der Ablesungseinrichtung dürfen dann keine Verschiedenheiten ergeben, welche die Fehlergrenze übersteigen. Zur Prüfung der Genauigkeit der Ablesungen setzt man endlich von dem zehnten Theile bis zu dem vollen Betrage der größten Last nach einander in Normalgewichten 4 bis 5 verschiedene Gewichtsbeträge auf, für welche die Ablesungen gleichmäßig über Zifferblatt oder Skale vertheilt sind. Hierbei soll die Waage stets das Gewicht, mit dem sie belastet wird, innerhalb der Fehlergrenze angeben und zugleich die vorschriftsmäßige Empfindlichkeit zeigen.

Berichtigungen unterbleiben.

Die Prüfung bereits gestempelter Waagen erfolgt wie bei der ersten Aichung, auch wenn keine erneute Stempelung verlangt wird.

Höker-waagen. 45. Die Prüfung erfolgt wie bei gewöhnlichen gleicharmigen Balkenwaagen, unter den durch die geringe Genauigkeit und die Vorschriften im §. 66 der Aichordnung bedingten Einschränkungen. Bei Hökerwaagen sind die Aichungsstellen außer zu Tarirungen des Balkens oder der Schalen auch zu kleinen, mit geringer Mühewaltung ausführbaren Berichtigungen der Hebellängen mittelst Nachschleifens der Schneiden verpflichtet. Die an Hökerwaagen vorgesehenen Blechstreifen sollen beide die Buchstaben HW, einer außerdem die Angabe der größten Last tragen. Die Aufbringung der Blechstreifen darf aichamtlich geschehen.

Waagen.

Aichgebühren-Taxe.

Handelswaagen.

	A. Aichung Pf.	B. Berichtigung Pf.	C. bloße Prüfung Pf.
Gleicharmige Waagen (Balken- und oberschalige Waagen)			
für eine größte Last bis zu 500 g	25	10	15
= = = = = = 5 kg	50	20	30
= = = = = = 20 =	75	30	50
= = = = = = 50 =	100	40	75
= = = = = = 100 =	125	50	90
für jede angefangene Stufe von 50 kg mehr	25	10	20

Für die Herstellung gleichen Gewichts der Schalen kommen bei Waagen für eine größte Last bis zu 20 kg 15 Pf.
= = = = = = über 20 = 30 =
außer den Gebühren für Berichtigung in Ansatz. Für die Herstellung gleichen Gewichts leicht umsetzbarer Schalen bei wiederholter Aichung oberschaliger Waagen sind diese Beträge ebenfalls anzusetzen.

Bei oberschaligen Waagen kommen sonst Berichtigungsgebühren nicht vor.

Ungleicharmige Waagen (Balken- und Brückenwaagen)			
für eine größte Last bis zu 20 kg	60	30	30
= = = = = = 50 =	80	40	50
= = = = = = 200 =	100	50	80
= = = = = = 500 =	150	60	110
= = = = = = 750 =	200	70	140
= = = = = = 1000 =	250	80	170
= = = = = = 1500 =	300	100	200
= = = = = = 2000 =	350	120	230
für jede angefangene Stufe von 1000 kg mehr	100	40	60

Waagen.

Sind Laufgewichte und Skalen als Hülfseinrichtung vorhanden, so kommen für jede Skale noch in Ansatz
    75 Pf. für Aichung,
    50 = = bloße Prüfung.
Bei Brückenwaagen kommen Berichtigungsgebühren nicht vor.

	A. Aichung Pf.	B. Berichtigung Pf.	C. bloße Prüfung Pf.
Einfache Balkenwaagen mit Laufgewicht und Skale			
für eine größte Last bis zu 500 g	75	10	50
= = = = = = 5 kg	100	20	70
= = = = = = 20 =	125	30	90
= = = = = = 50 =	150	40	110
= = = = = = 100 =	175	50	130
= = = = = = 200 =	200	60	150

Obige Sätze gelten für Fälle, in welchen auf beiden Seiten des Balkens eine Eintheilung zu prüfen ist. Ist nur eine Eintheilung vorhanden, so ermäßigen sich die Sätze unter A und C um $1/5$.

Bei Waagen für eine größte Last von mehr als 200 kg sind Gebühren nach den hier folgenden Sätzen für zusammengesetzte Balken- und Brückenwaagen zu erheben.

Zusammengesetzte Balken- und Brückenwaagen mit Laufgewicht und Skale			
für eine größte Last bis zu 500 kg	225	60	160
= = = = = = 750 =	275	70	190
= = = = = = 1000 =	325	80	220
= = = = = = 1500 =	375	100	250
= = = = = = 2000 =	425	120	280
für jede angefangene Stufe von 1000 kg mehr	100	40	60

Die Sätze unter A und C gelten für Waagen mit nicht mehr als 2 Skalen; für jede weitere Skale ist ein Zuschlag anzusetzen von
50 Pf. für Aichung,
30 = = bloße Prüfung.

Ist als Hülfseinrichtung eine Gewichtsschale an nicht veränderlichem Hebelarm vorhanden, so ist für die Prüfung der Richtigkeit des Hebelverhältnisses ein Zuschlag von 50 Pf. zu erheben.

Bei der Festsetzung der größten Last für eine Laufgewichtswaage mit mehreren Skalen kommt, wenn die größten Angaben der Nebenskalen zusammen nicht mehr als $1/20$ der größten Angabe der Hauptskale betragen, nur die letztere Angabe in Betracht, sonst dagegen die Summe der größten Angaben aller Skalen.

Bei Brückenwaagen kommen Berichtigungsgebühren nicht vor.

Zusatzbestimmungen.

Bei Waagen für eine größte Last von mehr als 2000 kg ermäßigen sich die Gebührenzuschläge für jede angefangene Stufe von 1000 kg mehr bis zu einer größten Last von 10000 kg auf $1/2$, und von 10000 kg ab gerechnet auf $1/5$ in solchen Fällen, in denen die Betheiligten Gewichtsgeräthschaften oder Hebelsysteme bereitstellen, so daß die Prüfung der Waage ohne anderweitiges Gewichts- oder Tarirmaterial oder anderweitige Hülfsmittel erfolgen kann.

Bei allen Waagen für eine größte Last von mehr als 500 kg ist für den Fall, daß eine Vorprüfung mit $1/10$ der größten Last bereits die Unzulässigkeit der Waage ergiebt, nur die Hälfte der Gebühr für bloße Prüfung zu erheben.

Für die Prüfung von Gewichtsgeräthschaften oder Hebelsystemen ist das $1^{1}/_{2}$fache desjenigen Satzes zu erheben, welcher für die Aichung der bei dieser Prüfung benutzten Waage anzusetzen wäre.

Präzisionswaagen.

	A. Aichung Pf.	B. Berichtigung Pf.	C. bloße Prüfung Pf.
Präzisionswaagen für eine größte Last bis zu 500 g	50	25	30
= = = = = = 5 kg	100	50	60
= = = = = = 20 =	150	75	100
= = = = = = 50 =	200	100	150
für jede angefangene Stufe von 50 kg mehr	50	25	50

In Betreff der Tarirung der Schalen gelten dieselben Zuschlagsgebühren wie für gleicharmige Balkenwaagen.

Geringere Waagen.

	A. Aichung Pf.	C. bloße Prüfung Pf.
Waagen für Eisenbahnpassagiergepäck oder Postpäckereien u. s. w.		
für eine größte Last bis zu 250 kg	100	80
= = = = über 250 kg	150	110

	A. Aichung Pf.	B. Berichtigung Pf.	C. bloße Prüfung Pf.
Hökerwaagen....	40	15	20

Für Anbringung der für die Hökerwaagen vorgeschriebenen Blechstreifen sind 20 Pf. zu erheben.

If you have any concerns about our products,
you can contact us on
ProductSafety@springernature.com

In case Publisher is established outside the EU,
the EU authorized representative is:
**Springer Nature Customer Service Center GmbH
Europaplatz 3, 69115 Heidelberg, Germany**

Printed by Libri Plureos GmbH
in Hamburg, Germany